CHINESE FARMERS' PESTICIDE USE:
BEHAVIORAL CHARACTERISTICS,
HEALTH EFFECTS AND DRIVING FORCES

中国农民的农药施用：

行为特点、健康影响与驱动因素

张　超　胡瑞法　著

北京理工大学出版社
BEIJING INSTITUTE OF TECHNOLOGY PRESS

图书在版编目（CIP）数据

中国农民的农药施用：行为特点、健康影响与驱动因素 / 张超，胡瑞法著. — 北京：北京理工大学出版社，2019.10
ISBN 978-7-5682-7716-7

Ⅰ. ①中…　Ⅱ. ①张… ②胡…　Ⅲ. ①农药施用－研究－中国　Ⅳ. ①S48

中国版本图书馆CIP数据核字（2019）第227820号

出版发行 / 北京理工大学出版社有限责任公司
社　　址 / 北京市海淀区中关村南大街 5 号
邮　　编 / 100081
电　　话 / （010）68914775（总编室）
（010）82562903（教材售后服务热线）
（010）68948351（其他图书服务热线）
网　　址 / http: //www. bitpress. com. cn
经　　销 / 全国各地新华书店
印　　刷 / 保定市中画美凯印刷有限公司
开　　本 / 710 毫米 ×1000 毫米　1 / 16
印　　张 / 13
字　　数 / 194 千字
版　　次 / 2019 年 10 月第 1 版　2019 年 10 月第 1 次印刷
定　　价 / 52.00 元

责任编辑 / 刘兴春
文案编辑 / 李丁一
责任校对 / 周瑞红
责任印制 / 李志强

前言

1978年改革开放以来，中国农业发展取得了举世瞩目的成就。在拥有世界上最多人口的背景下，中国长期面临着粮食安全问题，如何“把饭碗牢牢端在自己手里”是一代代中国人不断探索的课题。经过40年的不懈努力，中国农业总产出和生产率大幅度提高。1978—2018年，中国农林牧渔业增加值按不变价格计算的年均增长率高达4.5%。其中，主要农作物总产量和单位面积产量均实现了跨越性增长，为保障国家农产品供给尤其是粮食安全乃至推动国民经济持续快速发展奠定了扎实的物质基础。

化学农药作为重要的农业生产要素，在减少农作物产量损失、促进农业增长以及保障国家农产品供给和粮食安全方面作出了重要贡献。2016年，中国通过农药施用等手段挽回因病虫草害导致的粮食损失高达8 686.1万吨，占当年粮食总产量的14.1%。与此同时，广大农户对化学农药的依赖性也不断增强，导致农药施用量迅速增长。中国已经成为世界上化学农药施用量最大的国家，且中国单位面积农药施用量为世界平均水平的5倍。中国农民在农业生产中存在的农药过量施用问题屡见报道。

近年来，高强度、不合理的农药施用导致的一系列生态、环境和健康等方面的负面效应引起了人们的广泛关注。长期施用农药导致农作物病虫草害对农药的严重抗性以及不规范的农药施用对病虫害天敌及益虫发展和繁衍的抑制效应严重威胁了农业生态平衡。大量残留农药进入水体、土壤和空气中，造成严重的农业面源污染问题层出不穷。尤其需要注意的是，消费者食用具有残留农药的农产品引起的食物中毒事件成为社会治理的难点，同时高强度农药暴露对农民健康的损害及急性中毒死亡事件不断引起人们的担忧。

近年来，中国面临着严峻的农药减施压力和挑战。为了促进农业可持续发展，2015 年农业部颁布了《到 2020 年农药使用量零增长行动方案》，规划到 2020 年全国实现农药施用量的零增长。必须明确的是，有效促进农药减施的关键在于农民。辩证来讲，农民既是农药施用的直接受益者，也因直接接触农药损害自身健康而成为受害者。2012 年至今，我们在国家自然科学基金和国家重点研发计划项目的支持下围绕中国农民的农药施用问题进行了较深入的研究，以期为国家制定有效的农药减施政策和措施提供扎实的科学依据。

本书是对过去这些年研究成果的一次阶段性总结。概括起来，本书内容主要涵盖了三个方面的研究成果：（1）中国农民的农药施用行为特点；（2）农药施用对农民的健康影响；（3）农药施用的驱动因素。除了第一篇绪论以外，本书分别安排三篇共 11 章对相关研究成果进行总结和介绍。其中，第二篇从不同角度研究了中国农民在农业生产中的农药施用行为特点，综合运用全国农产品成本收益数据和大型农户调查数据，从经济意义视角定量分析了水稻、玉米、小麦、棉花生产中的农药过量施用问题，并从病虫草害防治视角探讨了中国农民在水稻、玉米、小麦、棉花、苹果、茶叶和设施蔬菜生产中的农药过量、不足以及错误施用问题。第三篇首先对国内外农药施用（暴露）对人体健康影响的研究进行了文献计量分析，然后在农户调查和农民健康检查数据基础上分析了农药施用对农民健康尤其是周围神经系统的影响，分别考察了不同时间范围、不同防治对象和不同化学结构的农药施用对农民健康的影响。第四篇主要考察了农药施用的驱动因素，依次实证研究了城乡收入差距、政府农业技术推广体系改革等对农药施用的影响，并在随机干预试验基础上评估了政府农业技术推广部门病虫害防治干预的农药减施效果。

中国幅员辽阔，不同地区农业生产差异悬殊，因此农民的农药施用行为也存在巨大差异。本书尽管对我们过去一段时期的研究成果进行了比较系统的总结，但是书中呈现的内容一方面本身还可能存在一些不足之处，另一方面也远未穷尽中国农药施用及农药不合理施用治理的全部问题。当前中国正处于深化农业供给侧结构性改革和实施乡村振兴战略的新时代，如何推动农业农村可持续发展、建设美丽中国是当代中国人共同面对且需要共同回答的时代命题。我们希望此书的出版能够为此添砖加瓦。

在本书付梓之际，我们必须向支持本书研究并为本书研究作出贡献的所有人员致谢。我们要感谢北京大学黄季焜教授，威斯康星大学麦迪逊分校 Guanming Shi 教授，罗格斯大学 Yanhong Jin 副教授、Mark Robson 教授，中国人民解放军总医院黄旭升教授、尹燕红博士、陈朝晖技师，以及中国人民解放军总医院第一附属医院李一凡博士等在合作研究中作出的重要贡献！我们也要感谢课题组成员蔡金阳、孙艺夺、孙生阳、邓海艳、周梅芳、陈小雪、郭付强、申剑、余彤、吉晶、杨静、赵倩倩、孙石磊、方丽莎、郑祖庭等在农户调查和跟踪记录过程中的辛勤付出！同时，我们对为本书研究提供过支持和帮助但是难以一一具名的人士也一并致谢！最后，我们要感谢国家自然科学基金（71803010、71661147002、71173014、71210004）和国家重点研发计划（2016YFD0201301）对本书研究的经费支持以及北京理工大学人文与社会科学学院对本书出版的经费资助。

张超 胡瑞法

2019年7月11日于至善园

目录

第一篇　绪论

第二篇　农民的农药施用行为特点

第三篇　农药施用（暴露）对农民的健康影响

第一篇　绪　论

第 1 章　引言

1. 研究背景

改革开放 40 年来，中国农业发展取得了举世瞩目的成就。中国人口位居世界第一位，因此很长一段时间都面临着粮食安全问题。改革开放以前，以人民公社为主体的农业生产模式严重影响了农民从事农业生产的积极性，从而导致农村和农业经济发展受到了损害。相比而言，20 世纪 70 年代末开始实行的家庭联产承包责任制使得中国的农业总产出和生产率大幅度提高。1978—1984 年，全国农业总产出增长的一半几乎是由家庭联产承包责任制贡献的（Lin，1992）。根据统计数据，1978—2016 年，中国的农林牧渔业增加值从 1 027.5 亿元增长到 65 964.4 亿元，按可比价格计算累计增长了 432.4%，年均增长率为 4.5%（见图 1.1）。

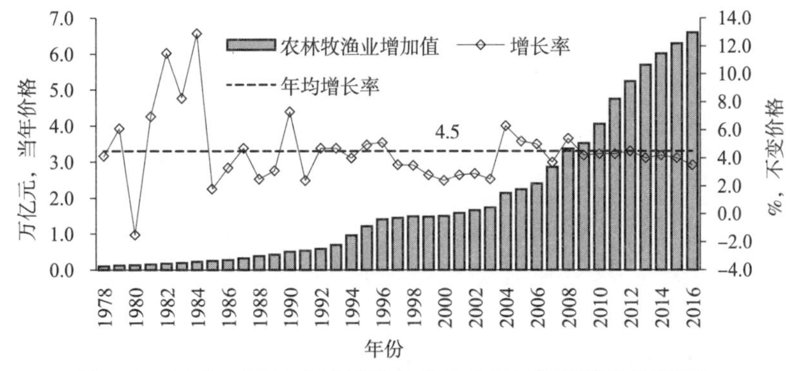

图 1.1　1978—2016 年中国农林牧渔业增加值及其增长率变化

数据来源：《中国统计年鉴》（2017）。

与此同时，主要农作物总产量和单位面积产量均实现了大幅度增长（见表 1.1、表 1.2）。从不同农作物角度看，粮食总产量从 1978 年的 30 476.5 万吨增长到 2016 年的 66 043.5 万吨，年均增长率为 2.1%；棉花总产量从 1978 年的 216.7 万吨增长到 2016 年的 534.3 万吨，年均增长率为 2.4%；油料总产量从 1978 年的 521.8 万吨增长到 2016 年的 3 400.1 万吨，年均增长率为 5.1%；糖料总产量从 1978 年的 2 381.9 万吨增长到 2016 年的 12 340.7 万吨，年均增长率为 4.4%；烟叶总产量从 1978 年的 124.2 万吨增长到 2016 年的 257.4 万吨，年均增长率为 1.9%；蔬菜总产量从 1995 年的 2 5726.7 万吨增长到 2016 年的 79 779.7 万吨，年均增长率为 5.5%。农作物总产量的持续稳定增长为保障国家农产品供给安全乃至推动国民经济快速崛起奠定了扎实的物质基础。

表 1.1 1978—2016 年中国主要农作物总产量 单位：万吨

年份	粮食	棉花	油料	糖料	烟叶	蔬菜
1978	30 476.5	216.7	521.8	2 381.9	124.2	/
1980	32 055.5	270.7	769.1	2 911.3	84.5	/
1985	37 910.8	414.7	1 578.4	6 046.8	242.5	/
1990	44 624.3	450.8	1 613.2	7 214.5	262.7	/
1995	46 661.8	476.8	2 250.3	7 940.1	231.4	25 726.7
2000	46 217.5	441.7	2 954.8	7 635.3	255.2	44 467.9
2005	48 402.2	571.4	3 077.1	9 451.9	268.3	56 451.5
2010	55 911.3	577.0	3 156.8	12 008.5	283.2	65 099.4
2015	66 060.3	590.7	3 390.5	12 500.0	267.7	78 526.1
2016	66 043.5	534.3	3 400.1	12 340.7	257.4	79 779.7
1978—2016 年年均增长率 /%	2.1	2.4	5.1	4.4	1.9	/
1995—2016 年年均增长率 /%	1.7	0.5	2.0	2.1	0.5	5.5

数据来源：国家统计局（http：//data.stats.gov.cn/index.htm）。

表 1.2 1978—2016 年中国农作物播种单位面积产量 单位：千克 / 公顷

年份	粮食	棉花	油料	糖料	烟叶	蔬菜
1978	2 527.3	445.3	838.6	27 083.1	1 584.2	/
1980	2 734.3	550.1	970.0	31 566.5	1 650.2	/

续表

年份	粮食	棉花	油料	糖料	烟叶	蔬菜
1985	3 483.0	806.7	1 337.7	39 644.1	1 847.2	/
1990	3 932.8	806.7	1 479.9	42 965.4	1 649.6	/
1995	4 239.7	879.4	1 717.6	43 629.5	1 574.3	27 039.0
2000	4 261.2	1 093.1	1 918.7	50 426.3	1 775.9	29 183.7
2005	4 641.6	1 128.9	2 149.2	60 419.3	1 968.6	31 856.2
2010	4 973.6	1 321.7	2 325.6	63 035.8	2 233.9	34 263.0
2015	5 482.8	1 564.9	2 520.2	71 982.0	2 155.6	35 694.2
2016	5 451.9	1 670.5	2 567.1	72 755.0	2 140.7	35 730.3
1978—2016 年年均增长率 /%	2.0	3.5	3.0	2.6	0.8	/
1995—2016 年年均增长率 /%	1.2	3.1	1.9	2.5	1.5	1.3

数据来源：国家统计局（http：//data.stats.gov.cn/index.htm）。

需要说明的是，农作物总产量的持续增长主要得益于农作物生产率水平的不断提高。改革开放以来，中国的农作物播种面积增长十分有限，仅从 1978 年的 15 010.4 万公顷增长到 2016 年的 16 665.0 万公顷，累计增长仅 11.0%，其中粮食和棉花播种面积甚至是负增长（国家统计局，2017）。但是改革开放以来，中国粮食、棉花、油料、糖料、烟叶和蔬菜的单位面积产量均实现了大幅度提高（见表 1.2）。其中，粮食、棉花、油料、糖料和烟叶的单位面积产量分别从 1978 年的 2 527.3 千克 / 公顷、445.3 千克 / 公顷、838.6 千克 / 公顷、27 083.1 千克 / 公顷和 1 548.2 千克 / 公顷，增长到 2016 年的 5 451.9 千克 / 公顷、1 670.5 千克 / 公顷、2 567.1 千克 / 公顷、72 755.0 千克 / 公顷和 2 140.7 千克 / 公顷，年均增长率分别为 2.0%、3.5%、3.0%、2.6% 和 0.8%。蔬菜单位面积产量也从 1995 年的 27 039.0 千克 / 公顷增长到 2016 年的 35 730.3 千克 / 公顷，年均增长率为 1.3%。

长期以来，农药作为重要的农业生产要素，在减少农作物病虫草害爆发造成的农作物产量损失、保证农作物生产率增长以及保障国家农产品供给安全方面作出了重要贡献。1965 年，世界粮食实际总产量仅为理论产量的 42%，得益于农药施用等措施，该比例在 1990 年时已经增长到 70%

（Popp，2011）。根据估算，农药施用挽回的粮食产量损失占世界实际产量的1/3（刘长江等，2002）。2016年，通过农药施用等手段挽回因病虫草害导致的中国粮食、棉花和油料产量损失分别高达8686.1万吨、114.6万吨和353.0万吨，分别占当年实际总产量的14.1%、21.6%和9.7%（见表1.3）。

表1.3 2016年中国主要农作物的总产量和挽回的产量损失

农作物类型	总产量/万吨	挽回的产量损失/万吨			挽回损失占比/%
		总计	病虫害	草害	
粮食	61 625	8 686.1	6 168.7	2 517.4	14.1
棉花	530	114.6	83.8	30.8	21.6
油料	3 629	353.0	243.6	109.4	9.7

数据来源：《中国农业年鉴》（2017）。

伴随着人口规模不断扩大和农业劳动力老龄化趋势不断加强，中国农业生产对农药投入的依赖性也越来越强，从而导致农药施用量大幅增长。伴随着经济不断发展和人口规模的扩大，人们生活水平持续提高，农产品需求也不断增长。此外，大量体力较好且受教育水平较高的农村青壮年劳动力向城镇部门转移，一定程度上加剧了农业劳动力的老龄化和短缺（胡雪枝、钟甫宁，2012）。为了满足日益增长的农产品需求和弥补农业劳动力的短缺，增加农药施用量成为强化农作物病虫草害防治效果、保障农作物产量增长的重要手段。根据统计，中国的农药施用量从1990年的73.3万吨大幅度增长到2016年的174.0万吨（国家统计局，2017）。在同一时期，单位播种面积农药施用量也从1990年的4.9千克/公顷提高到2016年的10.4千克/公顷。

作为一把“双刃剑”，农药施用有效防治了农作物病虫草害，从而减少了农作物产量损失；但是，高强度的农药施用也导致了一系列受到广泛关注的生态、环境和健康等方面的负面效应。在全世界范围内，长期大剂量施用农药已经使得农作物病虫草害对农药产生了严重抗性，极大地降低了农药施用的有效性（Chanda，2018）。在这种情况下，农业生产者往往采取加大农药施用频次和剂量的方式来强化农作物病虫草害的防治效果，从而陷入农作物病虫草害抗性加剧和农药施用量增长的恶性循环（Hawkins等，2019）。

此外，农药是生产性毒剂，其长期、大量且不规范的施用严重抑制了农作物病虫草害天敌及其他益虫的发展和繁衍（Fernandes 等，2016；Mills 等，2016）。农作物病虫草害对农药的抗性加剧以及农药对农作物病虫草害天敌和益虫的抑制效应严重威胁了农业生态平衡。与此同时，大量残留的农药进入水体、土壤和空气中，造成严重的农业面源污染（黄慈渊，2005）。除此之外，农产品农药残留以及农药施用（暴露）对人体健康的影响也引发了越来越多的社会担忧（张超等，2016）。

作为世界上农药施用量最大的国家，中国面临着严峻的农药减施增效压力和挑战。中国的农药施用量位居世界第一，长期农药施用导致的生态、环境和健康等方面问题尤为突出和严重。为了促进中国农业可持续发展，农业部（现为农业农村部）于 2015 年颁布了《到 2020 年农药使用量零增长行动方案》，明确指出实现农药减施是促进病虫草害可持续治理、保障农产品质量安全、促进农业节本增收以及保护生态环境安全的需要，并规划到 2020 年全国实现农药施用量的零增长。科技部也于 2016 年启动了国家重点研发计划试点专项“化学肥料和农药减施增效综合技术研发”，试图对农药减施增效提供技术支持。

但是，科学有效促进农药减施增效的关键在于农民。农民一方面通过施用农药来挽回因病虫草害导致的农作物产量损失，从而成为农药施用的直接受益者；另一方面也因为持续、直接接触农药而损害了自身健康。在这种背景下，加大农药减施增效技术研发和推广毫无疑问是促进农药减施增效的重要环节，因此，深入研究、科学评估和准确把握中国农民农药施用的行为特点、健康影响以及驱动因素对于促进农药减施增效以及实现农业乃至国民经济的可持续发展都具有十分重要且深远的政策和实践意义。

2. 研究目标与内容

本书以中国农民农药施用的行为特点、健康影响及驱动因素为研究目标，综合应用相关统计数据和微观调查数据，从不同角度定量研究中国农民的农药施用行为特点；同时评估农药施用对中国农民健康的影响；在此基础上考察中国农民农药施用的驱动因素，从而为制定科学有效的农药减施增效政策措施提供科学依据。

为了完成上述研究目标，本书重点开展以下三个方面的研究：

（1）中国农民的农药施用行为特点。中国幅员辽阔，农作物种植结构多元，农民的农药施用行为复杂。本书首先基于统计数据和微观调查数据对水稻、玉米、小麦、棉花生产中的农药施用，尤其是经济意义上的农药过量施用进行实证研究；然后从病虫草害防治的角度进一步考察水稻、玉米、小麦、棉花、苹果、茶叶和设施蔬菜生产中的农药过量施用、不足施用和错误施用。

（2）农药施用（暴露）对中国农民的健康影响。近年来，农药施用（暴露）对人体健康的影响引发了持续关注。一般而言，大部分农药都是神经毒剂，尽管部分高毒高残留农药品种先后被禁止生产和施用，但是农药施用（暴露）对农民健康的损害效应不容忽视。本书首先对国内外有关农药施用（暴露）对人体健康影响的文献进行计量分析；然后，根据微观调查数据和农民健康检查数据，定量研究农药施用对农民健康的长期和短期影响，并进一步考察防治对象和化学结构不同的农药的施用（暴露）对农民健康尤其是周围神经传导系统的损害。

（3）中国农民农药施用的驱动因素。弄清楚农民农药施用的深层次驱动因素是有效推动农药减施增效的关键和基础。本书首先基于统计数据和环境库兹涅茨曲线框架，定量研究城乡收入差距对农药施用的影响；其次，进一步考察政府农业技术推广体系改革对农药施用的影响；最后，在随机干预试验的基础上，采用双重差分法评估政府农业技术推广部门的病虫害防治干预的农药减施效果。

3. 结构安排

根据上述研究目标和内容，本书除了前言和结束语以外，第一篇是绪论，对本书的主要研究背景、目标、内容及结构安排进行介绍，并根据统计数据简要描述中国农药的生产与施用趋势和现状。在此基础上，本书分三篇对上述内容展开重点研究和讨论。其中，第二篇是农民的农药施用行为特点研究，第三篇是农药施用对农民的健康影响研究，第四篇是农药施用的驱动因素研究。具体结构安排如下。

本书的第二篇主要从不同角度研究中国农民在农业生产中的农药施用行为特点，共分 4 章。其中，第 3 章以水稻、玉米和小麦为例，在统计数据基础上分析中国粮食作物生产中的农药施用特点，并定量测算农药过量施用的程度。第 4 章在微观调查数据基础上，定量研究中国农民在水稻、玉米和棉花生产中的农药过量施用行为。第 5 章从病虫草害防治视角定量分析中国农民在水稻、玉米、小麦和棉花生产中的农药过量施用和不足施用问题。第 6 章进一步分析中国农民在水稻、苹果、茶叶和设施蔬菜生产中的农药错误施用行为。

本书的第三篇在微观调查数据和农民健康检查数据的基础上，从不同角度分析农药施用（暴露）对农民健康的影响，尤其是防治对象和化学结构不同的农药的施用（暴露）对农民周围神经传导系统的损害效应，共分 4 章。其中，第 7 章为国内外有关农药施用（暴露）对人体健康影响的研究文献的计量分析。第 8 章基于微观调查数据和农民健康检查数据，定量研究农药施用（暴露）对农民健康的长期和短期影响。第 9 章定量分析草甘膦、鳞翅目杀虫剂等防治对象不同的农药的施用（暴露）对农民健康的影响。考虑到大多数农药是神经毒剂，本书的第 10 章进一步研究有机磷、有机氮等化学结构不同的农药的施用（暴露）与农民周围神经传导异常的关系。

本书的第四篇主要研究中国农药施用的驱动因素，从不同角度定量分析了城乡收入差距、政府农业技术推广体系改革等对农药施用的影响，并在随机干预试验基础上评估了政府农业技术推广部门的病虫害防治干预的农药减施效果，共分 3 章。其中，第 11 章在环境库兹涅茨曲线框架基础上研究城乡收入差距和农村居民收入对农药施用量的影响。第 12 章主要探讨中国政府农业技术推广体系改革对农药施用量的影响。第 13 章介绍政府农业技术推广部门对农民病虫害防治进行干预的随机干预试验，在干预试验数据基础上定量评估政府农业技术推广部门的干预对不同规模农户的短期和长期农药减施效果。

第 2 章　中国农药工业发展与农药施用

1. 中国农药工业发展趋势与现状

1.1　新中国成立以来的农药工业发展

新中国成立 70 年来，中国农药工业经历了一个从无到有、从小到大的发展过程，总体上取得了长足的发展。1963—2016 年，中国农药产量从 10.8 万吨增长到 321.0 万吨，总计增长了 28.7 倍，年均增长率为 6.6%（见图 2.1）。2005 年是中国农药工业发展历程中具有里程碑意义的一年，该年农药产量首次突破 100 万吨，达到了 114.7 万吨（见图 2.1）。在此后的 2008 和 2013 年，中国农药产量先后突破了 200 万吨和 300 万吨（见图 2.1）。

从农药产量变化的角度来看，中国农药工业发展大致经历了四个阶段：

第一阶段：初步发展期（1949—1977 年）。新中国成立初期，国家发展百废待兴，现代农药工业基础十分薄弱，农药生产工艺和水平偏低。当时能够生产的少数几种植物和矿物农药品种难以满足农业发展对农药品种和用量的需求；农业发展、农产品供给和国家粮食安全受到病虫害爆发的严重挑战，一旦遇到病虫害爆发，轻则减产，重则绝收。因此，党和政府高度重视现代农药工业发展。1950 年，四川泸州新建滴滴涕生产车间并于次年建成投产，实现产量 113 吨。1956 年，天津农药厂开始建设并于

1957年最终建成，这是中国第一家有机磷类杀虫剂生产厂，由此开始了对硫磷、内吸磷、甲拌磷和敌百虫等有机磷类农药的生产。截至改革开放前的1977年，中国农药产量达到45.7万吨，是1963年产量的4倍多（见图2.1）。但是，改革开放以前，国产农药品种以六六六、毒杀芬、七氯、氯丹等有机氯农药为主。

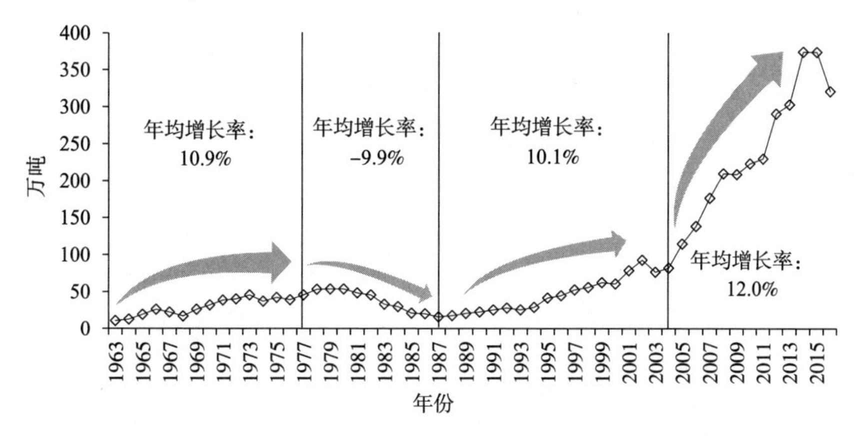

图2.1　1963—2016年中国农药原药产量变化

数据来源：《中国工业统计年鉴》（2017）。

第二阶段：调整发展期（1978—1987年）。有机氯农药曾为中国农业发展作出了历史性贡献，但是六六六和滴滴涕等有机氯农药大范围和大剂量施用导致的残留毒性问题逐渐引起了人们的广泛关注和担忧。中国出口的农副产品也经常因六六六和滴滴涕等有机氯农药含量超标而受阻。国家意识到有机氯农药残留问题后，组织有关部门和人员进行了较长时期的考察和研究，最终决定于1983年4月1日起停止生产和使用六六六和滴滴涕等有机氯农药。由于大量有机氯农药的停产和禁用，这一时期中国农药产量出现了明显的下滑，从1977年的45.7万吨大幅度下滑到1987年的16.1万吨，年均下滑9.9%（见图2.1）。

第三阶段：恢复发展期（1988—2004年）。为了应对六六六和滴滴涕等停产和禁用导致的农药产量下滑给农业生产带来的压力，中国加大了有机磷及氨基甲酸酯农药的研发和生产力度。因此，这一时期的农药产量稳步增长，从1987年的16.1万吨增长到2002年的92.9万吨（见图2.1）。尽管2003年和2004年略有下降，但是2004年农药产量达到82.1万吨，是1987年产量的5倍多，该时期农药产量年均增长率达10.1%(见图2.1)。

第四阶段：快速发展期(2005年至今)。2005年以后，中国农药产量爆发性增长。2014年，中国农药产量增长到374.4万吨，是有史以来中国农药的最高产量，比2005年的114.7万吨增加了259.7万吨(见图2.1)。近年来，中国农药产量略有下降，2015和2016年分别下降至374.0万吨和321.0万吨，这一时期中国农药产量年均增长率为12.0%(见图2.1)。根据中国农药工业协会的统计数据，2016年中国化学农药制造业企业达822家，其中化学原药制造企业680家，生物化学农药及微生物农药制造企业142家，农药登记产品共35 604种(个)，登记有效成分665种，自主创新并获得登记的农药新品种有48个。

1.2 杀虫剂“一家独大”转变为除草剂占据“半壁江山”

中国的农药产量变化伴随着农药生产结构的深刻演变，主要表现为除草剂在农药产量中所占份额的不断提高。2000—2016年期间，杀虫剂、杀菌剂和除草剂产量总体上都有不同程度的增长。2000年，杀虫剂、杀菌剂和除草剂产量分别为39.7万吨、6.9万吨和11.7万吨；到2016年，三大类农药产量分别增长至50.7万吨、19.9万吨和177.3万吨(见表2.1)。其中，一个根本性的变化是杀虫剂在农药生产中“一家独大”的地位不复存在，而除草剂已经几乎占据了农药生产的“半壁江山”。

表2.1 2000—2016年不同类型农药产量及其占比

年份	农药原药产量/万吨	不同类型农药产量/万吨			不同类型农药产量占比/%		
		杀虫剂	杀菌剂	除草剂	杀虫剂	杀菌剂	除草剂
2000	64.8	39.7	6.9	11.7	61.3	10.6	18.1
2001	69.6	41.2	6.7	13.8	59.2	9.7	19.8
2002	82.2	45.9	7.5	20.2	55.8	9.1	24.6
2003	86.3	47.8	8.0	21.1	55.4	9.3	24.4
2004	87.0	42.5	9.1	23.0	48.9	10.5	26.4
2005	103.9	43.4	10.5	29.7	41.8	10.1	28.6
2006	129.6	50.5	11.2	38.7	39.0	8.6	29.9
2007	173.6	60.0	13.7	56.2	34.6	7.9	32.4
2008	190.2	65.8	19.6	61.6	34.6	10.3	32.4

续表

年份	农药原药产量 / 万吨	不同类型农药产量 / 万吨			不同类型农药产量占比 /%		
		杀虫剂	杀菌剂	除草剂	杀虫剂	杀菌剂	除草剂
2009	226.2	79.7	24.0	81.6	35.2	10.6	36.1
2010	234.2	74.6	16.6	105.5	31.9	7.1	45.0
2011	298.2	92.4	15.5	115.7	31.0	5.2	38.8
2012	354.9	81.3	14.4	164.8	22.9	4.1	46.4
2013	369.2	58.9	23.2	175.5	16.0	6.3	47.5
2014	374.4	56.1	23.0	180.3	15.0	6.1	48.2
2015	375.0	51.8	18.2	177.2	13.8	4.9	47.3
2016	377.8	50.7	19.9	177.3	13.4	5.3	46.9

注：本表数据与《中国工业统计年鉴》的数据略有差异。
数据来源：《中国农药工业年鉴》（2008—2011 年、2013 年、2015 年、2017 年）。

曾经较长一段时期，杀虫剂在中国农药工业中“一家独大”，其在农药产量中所占份额远超其他所有农药所占份额之和，但是 2000 年以来杀虫剂产量呈现倒“U”形变化。中国杀虫剂产量从 2000 年的 39.7 万吨增长到 2011 年的 92.4 万吨，这是有史以来中国杀虫剂的最高产量（见表 2.1）。在此以后，杀虫剂产量呈现出持续稳定下降。2016 年，中国杀虫剂产量下降到 50.7 万吨，与 2006 年产量水平基本相当（见表 2.1）。但是，除了 2009 年以外，2000—2016 年杀虫剂在农药产量中所占份额从 2000 年的 61.3% 大幅度下降到 2016 年的 13.4%（见表 2.1）。

杀菌剂产量在 2000—2016 年增长比较缓慢，但是其在农药产量中所占份额在反复波动中持续下降。2000—2016 年，杀菌剂产量从 2000 年的 6.9 万吨增长到 2016 年的 19.9 万吨（见表 2.1）。但是在 2009 年之前，杀菌剂在农药产量中所占份额基本稳定维持在 7.9%~10.6%（见表 2.1）。2010 年以来，杀菌剂在农药产量所占份额也略有浮动，但是均保持在 7.1% 以下（见表 2.1）。

相比于杀虫剂和杀菌剂产量的变化，2000 年以来，除草剂产量保持了爆发性的增长态势。2000 年，中国除草剂产量仅为 11.7 万吨，不到杀虫剂产量的 1/3，在农药产量中的份额也仅为 18.1%（见表 2.1）。2000—2016 年，除了少数年份以外，除草剂产量持续快速增长，2014 年增长到

180.3 万吨，其在农药产量中所占份额也高达 48.2%（见表 2.1）。这也就意味着，经过多年的发展，除草剂几乎占据了中国农药生产的“半壁江山”。需要说明的是，2009 年除草剂产量首次超过杀虫剂产量，此后杀虫剂产量总体下降而除草剂产量不断增长。2015 和 2016 年除草剂产量略有下降，但 2016 年仍然高达 177.3 万吨（见表 2.1）。

2. 中国农药施用的变化趋势与现状

2.1 农药施用总量的变化

20 世纪 90 年代初以来，中国农药施用总量总体上呈现出持续增长的趋势，但是近年来有所下降。1991 年，中国农药施用总量为 76.5 万吨，除了 2000—2002 年略有下降之外，此后持续稳定增长，在 2012—2014 年期间均超过了 180 万吨，2014 年中国农药施用总量高达 180.7 万吨，比 1991 年的 76.5 万吨增加了 104.2 万吨，年均增长率达到 4.0%（见表 2.2）。但是，近年来中国农药施用总量有所下降，从 2014 年的 180.7 万吨先后下降到 2015 年的 178.3 万吨和 2016 年的 174 万吨（见表 2.2）。

表 2.2 1991—2016 年中国农药施用总量及单位面积农药施用量

年份	施用总量 / 万吨	耕地面积 / 万公顷	农作物播种面积 / 万公顷	单位耕地面积农药施用量 /（千克·公顷$^{-1}$）	单位播种面积农药施用量 /（千克·公顷$^{-1}$）
1991	76.5	9 565.4	14 958.6	8.0	5.1
1992	79.9	9 542.6	14 900.7	8.4	5.4
1993	84.5	9 510.1	14 774.1	8.9	5.7
1994	97.9	9 490.7	14 824.1	10.3	6.6
1995	108.7	9 497.1	14 987.9	11.4	7.3
1996	114.1	13 003.9	15 238.1	8.8	7.5
1997	119.6	12 993.3	15 396.9	9.2	7.8
1998	123.2	12 966.7	15 570.6	9.5	7.9
1999	132.2	12 921.0	15 637.3	10.2	8.5

续表

年份	施用总量/万吨	耕地面积/万公顷	农作物播种面积/万公顷	单位耕地面积农药施用量/(千克·公顷$^{-1}$)	单位播种面积农药施用量/(千克·公顷$^{-1}$)
2000	128.0	12 824.0	15 630.0	10.0	8.2
2001	127.5	12 761.6	15 570.8	10.0	8.2
2002	131.1	12 593.0	15 463.6	10.4	8.5
2003	132.5	12 339.2	15 241.5	10.7	8.7
2004	138.6	12 244.4	15 355.3	11.3	9.0
2005	146.0	12 208.3	15 548.8	12.0	9.4
2006	153.7	12 177.6	15 214.9	12.6	10.1
2007	162.3	12 173.5	15 039.6	13.3	10.8
2008	167.2	12 171.6	15 369.0	13.7	10.9
2009	170.9	13 538.5	15 559.0	12.6	11.0
2010	175.8	13 526.8	15 678.5	13.0	11.2
2011	178.7	13 523.9	15 985.9	13.2	11.2
2012	180.6	13 515.9	16 182.7	13.4	11.2
2013	180.2	13 516.3	16 345.3	13.3	11.0
2014	180.7	13 505.7	16 496.6	13.4	11.0
2015	178.3	13 499.9	16 682.9	13.2	10.7
2016	174.0	13 492.1	16 693.9	12.9	10.4

数据来源：农药施用量和农作物播种面积数据来自国家统计局（http://data.stats.gov.cn/index.htm）和《中国农村统计年鉴》（2017）；耕地面积数据来自国家统计局（http://data.stats.gov.cn/index.htm）、《中国国土资源报告》（1999）、《中国国土资源年鉴》（2000—2001）、《中国国土资源公报》（2002—2016）和《中国土地矿产海洋资源统计公报》（2017）。

1991—2016年，中国单位面积农药施用量的变化大致与农药施用总量的变化类似。以耕地面积计算，1991年中国单位耕地面积农药施用量为8.0千克/公顷，此后总体上呈现明显的增长态势（见表2.2）。2008年，中国单位耕地面积农药施用量高达13.7千克/公顷，是1991年单位耕地面积农药施用量的1.7倍多（见表2.2）。此后，尽管部分年份存在微小波动，但总体而言单位耕地面积农药施用量是下降的。2016年，中国单位耕地面积农药施用量下降到12.9千克/公顷（见表2.2）。以农作物播种面积计算，单位面积农药施用量的变化也基本上保持了倒“U”形变化。1991—2010年，中国单位播种面积农药施用量总体上稳定增长，从1991年的5.1千克/公顷增长到2010年的11.2千克/公顷（见表2.2）。此后，2011年和2012年单位播种面积农药施用量均为11.2千克/公顷，但2013年以来持续下降，到2016年已经下降到10.4千克/公顷（见表2.2）。

2.2 不同地区农药施用量存在明显差异

中国是一个幅员辽阔的国家，不同地区的农业生产特征和农作物种植结构存在明显差异，因此农药施用量也存在较大的空间差异性。本课题组主要考察了1991—2016年中国31个省（区、市）的农药施用情况（未包含港澳台地区的相关数据）。

1991—2016年，31个省（区、市）的农药施用量变化存在较大差异。比较1991和2016年各省（区、市）农药施用量，除了北京、上海、浙江和青海以外，其他各省（区、市）的农药施用量均呈现不同程度的增长。其中，天津、江苏、重庆、贵州、西藏、陕西和宁夏7个省（区、市）农药施用量的增长均在1万吨以下，云南、辽宁、河北、广东、内蒙古、海南、新疆、山西、四川和福建10个省（区）农药施用量的增长在2万吨到5万吨之间，而山东、河南、黑龙江、安徽、湖北、甘肃、广西、江西、湖南和吉林10个省（区）的农药施用量均增长了5万吨以上（见表2.3）。在此期间，尽管绝大部分省（区、市）的农药施用量存在不同程度的波动，但是总体上均呈现倒“U”形的变化过程。一个需要注意的现象是，近年来除了广西、云南、西藏和陕西少数省（区）以外，其他绝大部分省（区、市）的农药施用量都有所下降。

表2.3 1991—2016年不同地区农药施用量 单位：万吨

省区市	1991	1995	2000	2005	2010	2016
北京	0.73	1.32	0.54	0.47	0.40	0.30
天津	0.25	0.31	0.36	0.33	0.37	0.33
河北	4.68	7.27	7.28	8.08	8.46	8.17
山西	0.69	1.29	1.75	2.28	2.61	3.06

续表

省区市	1991	1995	2000	2005	2010	2016
内蒙古	0.51	0.62	0.89	1.48	2.43	3.23
辽宁	1.87	2.62	3.56	4.58	6.94	5.63
吉林	0.79	1.19	1.97	2.89	4.28	5.85
黑龙江	0.84	1.88	2.95	4.75	7.38	8.25
上海	1.44	0.84	1.10	0.84	0.70	0.39
江苏	7.24	8.87	9.15	10.33	9.01	7.62
浙江	5.87	5.89	6.53	6.56	6.51	4.95
安徽	3.81	6.33	7.56	9.48	11.66	10.57
福建	3.41	4.80	5.18	5.60	5.82	5.54
江西	3.59	4.19	6.15	7.53	10.65	9.22
山东	5.96	11.35	14.03	15.56	16.49	14.86
河南	3.88	7.56	9.55	10.51	12.49	12.71
湖北	5.12	11.24	11.54	11.02	14.00	11.74
湖南	6.26	7.36	8.56	11.33	11.88	11.87
广东	8.07	8.04	8.47	8.70	10.44	11.37
广西	2.42	3.61	4.39	5.33	6.45	8.57
海南	0.68	0.90	1.26	1.81	4.55	3.40
重庆	1.01	1.46	1.85	1.95	2.09	1.76
四川	3.39	4.55	6.07	5.63	6.22	5.80
贵州	0.46	0.80	0.84	0.98	1.29	1.37
云南	1.00	1.33	2.46	3.06	4.62	5.86
西藏	0.04	0.05	0.07	0.07	0.10	0.11
陕西	1.07	1.07	1.03	0.99	1.24	1.32
甘肃	0.49	0.80	1.14	2.08	4.46	6.99
青海	0.20	0.13	0.19	0.17	0.21	0.19
宁夏	0.13	0.11	0.16	0.16	0.26	0.26
新疆	0.21	0.91	1.36	1.46	1.82	2.76

数据来源：《中国农村统计年鉴》（1992—2017）、《重庆统计年鉴》（2018）。

从地区角度看，中国农药施用量较高的省（区、市）相对集中在所谓“胡焕庸线”的东南部地区。以2016年为例，农药施用量在7.5万吨以上的省（区），分别是山东、河南、湖南、湖北、广东、安徽、江西、广西、黑龙江、河北和江苏 11 个省（区）（见表 2.3），全部位于“胡焕庸线”的东南部地区。相比而言，“胡焕庸线”的西北部地区农药施用量总体偏小，其中，西藏、青海和甘肃 3 个省（区）的农药施用量甚至低于 5 000 吨（见表 2.3）。此外，北京、天津、上海 3 个直辖市的农药施用量也低于 5 000 吨（见表 2.3）。

1991—2016 年，各省（区、市）单位播种面积农药施用量变化也存在较大差异。除了青海和上海以外，其余 29 个省（区、市）2016 年的单位播种面积农药施用量均高于 1991 年的水平。其中，海南、甘肃、福建和江西 4 个省的单位播种面积农药施用量增长均超过了 10 千克 / 公顷（见表 2.4）。此外，广西、广东、辽宁、吉林、浙江、山东、湖北、北京、安徽、陕西、云南、湖南、黑龙江和河南 14 个省（区、市）的单位播种面积农药施用量增长也在 5 千克 / 公顷以上（见表 2.4）。这也就意味着，1991—2016 年中国绝大部分省（区、市）的农业发展对农药施用的依赖性不断加强。

表 2.4　1991—2016 年不同地区单位播种面积农药施用量　单位：千克 / 公顷

省（区、市）	1991	1995	2000	2005	2010	2016
北京	12.37	23.87	11.81	14.78	12.61	19.82
天津	4.30	5.41	6.75	6.61	8.06	6.89
河北	5.31	8.34	8.07	9.20	9.70	9.37
山西	1.74	3.31	4.33	6.01	6.93	8.22
内蒙古	1.07	1.22	1.50	2.38	3.47	4.08
辽宁	5.14	7.23	9.83	12.06	17.04	13.85
吉林	1.94	2.93	4.34	5.83	8.20	10.31
黑龙江	0.98	2.17	3.16	4.71	6.07	6.64
上海	23.00	15.50	21.13	20.81	17.45	13.23
江苏	8.95	11.22	11.52	13.52	11.82	9.93
浙江	13.40	15.01	18.37	23.12	26.20	21.76
安徽	4.65	7.58	8.39	10.34	12.88	11.88

续表

省（区、市）	1991	1995	2000	2005	2010	2016
福建	12.06	16.93	18.54	22.57	25.63	23.80
江西	6.16	7.04	10.88	14.34	19.51	16.58
山东	5.42	10.47	12.59	14.49	15.24	13.54
河南	3.23	6.23	7.27	7.55	8.77	8.78
湖北	6.90	15.16	15.22	15.14	17.51	14.97
湖南	7.79	9.39	10.70	14.20	14.46	13.50
广东	14.26	15.16	16.42	18.07	23.07	23.54
广西	4.54	6.28	7.01	8.21	10.94	13.95
海南	8.20	10.34	13.91	23.26	54.57	41.30
重庆	2.86	4.14	5.15	5.66	6.22	4.89
四川	3.68	4.89	6.32	5.94	6.56	5.96
贵州	1.21	1.90	1.79	2.04	2.64	2.45
云南	2.17	2.68	4.25	5.05	7.18	8.18
西藏	1.85	2.28	3.03	2.98	4.16	4.27
陕西	2.19	2.38	2.26	2.36	2.96	3.09
甘肃	1.37	2.12	3.05	5.58	11.16	16.43
青海	3.68	2.28	3.43	3.57	3.84	3.38
宁夏	1.44	1.15	1.57	1.46	2.08	2.04
新疆	0.69	2.98	4.01	3.91	3.82	4.70

数据来源：《中国农村统计年鉴》（1992—2017）、《重庆统计年鉴》（2018）。

1991—2016年，海南、福建、江西、辽宁、浙江、山东、安徽、湖南、重庆和江苏10个省（市）的单位播种面积农药施用量呈现倒“U”形变化，而湖北、河北、天津、四川、贵州、宁夏、青海和上海8个省（市）的单位播种面积农药施用量在反复波动中下降（见表2.4）。形成鲜明对比的是，甘肃、广西、广东、吉林、山西、云南、黑龙江、河南和内蒙古9个省（区）的单位播种面积农药施用量却持续上升，而北京、新疆、西藏和陕西4个省（区、市）的单位播种面积农药施用量在反复波动中呈现上升趋势（见表2.4）。

从不同地区角度看，各省（区、市）单位播种面积农药施用量的差异也十分明显。其中，1991—2016 年，宁夏、贵州、陕西、青海、内蒙古、西藏、新疆 7 个省（区）的单位播种面积农药施用量低于 5 千克 / 公顷，而浙江、福建和海南 3 个省的单位播种面积农药施用量却高于 20 千克 / 公顷（见表 2.4）。此外，单位播种面积农药施用量最低的省区几乎全部位于西部地区，而单位播种面积农药施用量最高的省高度集中于东南沿海地区。

2.3　与主要国家农药施用的比较

尽管自然条件及农业生产情况迥异，世界各国的农药施用总量和单位耕地面积农药施用量总体上不断增长。1990 年，世界农药施用总量为 228.5 万吨，此后总体不断增长，2014 年世界农药施用总量高达 411.3 万吨（见图 2.2）。但是，2014—2016 年世界农药施用总量持续下降，2016 年下降到 408.8 万吨（见图 2.2）。1990—2016 年，世界农药施用总量的年均增长率为 2.3%。

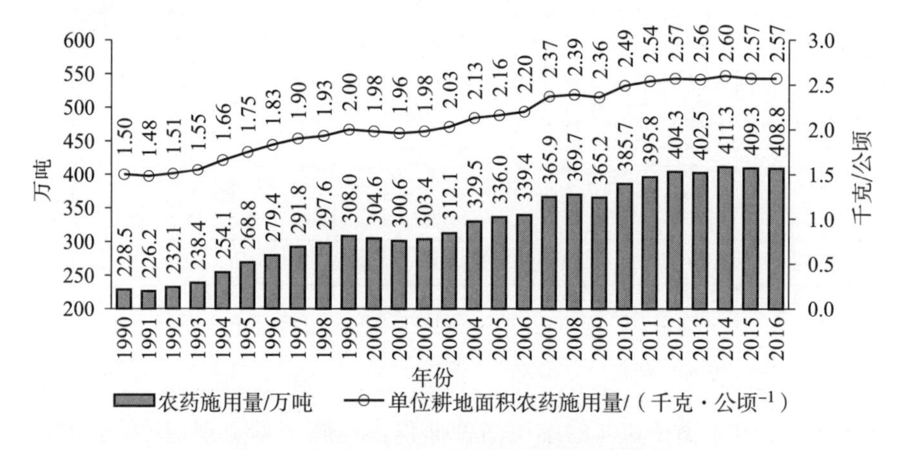

图 2.2　1990—2016 年世界农药施用量变化

数据来源：联合国粮食及农业组织（http: //www.fao.org/faostat/en/）。

与此同时，世界单位耕地面积农药施用量也持续增长。1990 年，世界单位耕地面积农药施用量为 1.50 千克 / 公顷，此后总体上持续增长，2014 年增长到 2.60 千克 / 公顷（见图 2.2）。2014 年以后世界单位耕地面积农药施用量不断下降。2016 年，世界单位耕地面积农药施用量下降至 2.57 千克 / 公顷（见图 2.2）。

从世界范围内看，中国的农药施用总量位居世界第一，而且单位耕地面积农药施用量在主要农业大国中也位居第一。2016年中国农药施用总量为176.3万吨，占世界农药施用总量的比重高达43.1%（见表2.5）；排在第二至第四位的美国、巴西和阿根廷3个国家的农药施用总量分别仅为40.8万吨、37.7万吨和20.8万吨，占世界农药施用总量的比重分别为10.0%、9.2%和5.1%（见表2.5）。同时，2016年中国单位耕地面积农药施用量为13.07千克/公顷，明显高于美国、巴西、阿根廷等农药施用大国，为世界平均水平的5.1倍（见表2.5）。如此之高的农药施用总量和单位耕地面积农药施用量对中国的农业生态环境、农产品质量安全以及农业可持续发展形成了严峻挑战，因此，未来较长时期内中国将毫无疑问面临着巨大的农药减施增效压力。

表2.5　2016年世界部分国家的农药施用总量及单位耕地面积施用量

地区	总量/万吨	占世界总量比重/%	单位耕地面积农药施用量/（千克·公顷$^{-1}$）	地区	总量/万吨	占世界总量比重/%	单位耕地面积农药施用量/（千克·公顷$^{-1}$）
世界	408.8	100.0	2.57	墨西哥	4.7	1.2	1.87
中国	176.3	43.1	13.07	德国	4.7	1.1	3.92
美国	40.8	10.0	2.63	厄瓜多尔	3.0	0.7	12.36
巴西	37.7	9.2	4.31	巴拉圭	2.7	0.7	5.57
阿根廷	20.8	5.1	5.17	南非	2.7	0.7	2.08
乌克兰	7.8	1.9	2.32	秘鲁	2.6	0.6	5.33
加拿大	7.5	1.8	1.56	俄罗斯	2.6	0.6	0.21
法国	7.2	1.8	3.72	波兰	2.4	0.6	2.18
西班牙	6.2	1.5	3.63	泰国	2.2	0.5	1.02
意大利	6.0	1.5	6.66	危地马拉	2.0	0.5	10.02
日本	5.1	1.2	11.41	韩国	2.0	0.5	12.04
澳大利亚	5.1	1.2	1.10	英国	1.9	0.5	3.17
印度	5.0	1.2	0.30	越南	1.9	0.5	1.66
土耳其	5.0	1.2	2.11	玻利维亚	1.5	0.4	3.17
马来西亚	4.9	1.2	5.90	孟加拉国	1.4	0.3	1.67
哥伦比亚	4.7	1.2	13.17	摩洛哥	1.4	0.3	1.43

数据来源：联合国粮食及农业组织（http://www.fao.org/faostat/en/）。

第二篇

农民的农药施用行为特点

第 3 章　中国粮食生产的农药过量投入

1. 引言

改革开放以来，中国粮食产量持续增长，从而有力地保障了国家粮食供给安全。中国总人口位居世界第一，长期以来都面临着粮食供给安全的问题。政府农业政策体系的主要目标是持续提高包括粮食在内的农产品产量（魏后凯，2017）。1978—2016 年中国粮食总产量增加了 1.2 倍，年均增长率达到了 2.1%；与此同时，单位面积粮食产量也几乎实现了同步增长（国家统计局，2017）。由于改革开放以来中国粮食播种面积总体呈现下降趋势，粮食总产量的大幅度增长主要得益于单位面积产量的增长。

中国单位面积粮食产量的持续提高与农药施用密不可分。改革开放以来，中国农药施用量尤其是粮食作物生产中的农药施用量不断提高，这对于抑制病虫害导致的粮食产量损失起到了十分重要的作用（黄季焜等，2008）。按照不变价格计算，1985—2016 年，中国在水稻、玉米和小麦 3 种主要粮食作物生产中的农药投入水平分别增长了 4.6 倍、9.8 倍和 20.3 倍（国家计划委员会，1986；国家发展和改革委员会，2017）。因此，中国粮食单位面积产量和单位面积农药支出水平之间呈现了明显的同向变动趋势。

广大农民对于农药的高度依赖导致中国粮食生产中的农药投入水平不断攀升。农药施用的增产效应强化了农民对于农药的依赖。为了加强单次病虫害防治效果、减少粮食生产的劳动力投入，农民在粮食生产中的农药投入水平不断提高（Huang 等，2001）。过度的农药投入极易引起粮食的农药残留，进而引发农产品质量安全问题，损害消费者健康。研究表明，农药过量投入已经成为农业可持续发展的严峻挑战（Zhang 等，2015）。

本章主要基于全国农产品成本收益数据，采用计量经济学方法估算农药投入对粮食单位面积产量的影响，并定量测算经济意义上的农药最优投入和过量投入水平，为引导农民在粮食生产中合理施用农药提供科学依据。

2. 损害控制生产函数与计量模型

一般来说，在不存在农作物病虫害时，农药投入不会提高农作物产量；而只有病虫害爆发时，农药投入才能够通过控制病虫害对农作物产量的损害而起到减少产量损失的作用。因此，农药是一种典型的损害控制（damage control 或 damage abatement）生产要素。因此，采用一般的生产函数将不能准确地估计农药投入对农作物产量的影响。因此，较多文献主要采用损害控制生产函数来估计农药投入的产量效应（Huang 等，2001；Zhang 等，2015）。根据 Lichtenberg 和 Zilberman（1986）的研究，本章建立的粮食作物损害控制生产函数模型如下：

$$Y=AZ^{\beta}[G(X)]^{\gamma} \tag{3.1}$$

式中，Y 表示粮食作物单位面积产量，Z 表示化肥、劳动力等生产性要素，X 表示损害控制生产要素农药，A 表示常数项。为了便于计量经济估计，通常 γ 的取值为 1。$G(X)$ 是一个取值范围在区间 [0,1] 上的非递减函数。通常而言，该函数可以取不同形式。本章中 $G(X)$ 取指数形式（exponential specification），具体如下：

$$G(X)=1-e^{-\lambda X} \tag{3.2}$$

式中，e 表示自然常数，λ 表示待估系数。农药投入的边际产出可以写成如下形式：

$$\frac{\partial Y}{\partial X} = \lambda A Z^{\beta} \mathrm{e}^{-\lambda X} \tag{3.3}$$

根据利润最大化原则，经济意义上的农药最优投入水平（X^*）将使得农药投入的边际收益等于其边际成本。由于本章中农药投入为农药费用，因此其边际成本为 1。那么，经济意义上的农药最优投入水平 X^* 可以表示为如下形式：

$$X^* = \frac{1}{\lambda}\ln[P^y \cdot \lambda A (Z^*)^{\beta}] \tag{3.4}$$

式中，Z^* 表示与农药最优投入水平 X^* 相对应的其他投入水平，P^y 表示粮食价格。

根据上述理论分析，本章建立如下用于计量经济分析的损害控制生产函数模型：

$$\begin{aligned} \ln Y_{it} = {} & \alpha + \beta_1 \ln Fert_{it} + \beta_2 \ln Labor_{it} + \ln[1 - \mathrm{e}^{-\lambda X_{it}}] + \rho_1 AESR_{it}^{\text{Commercial}} \\ & + \rho_2 AESR_{it}^{\text{De-commercial}} + \rho_3 Drought_{it} + \rho_4 Flood_{it} + \rho_5 Trend_t + \mu_i + \upsilon_{it} \end{aligned} \tag{3.5}$$

式中，i 和 t 分别表示第 i 个省（区）和第 t 年；Y 表示单位面积粮食作物产量；$Fert$ 和 $Labor$ 分别表示单位面积化肥和劳动力投入；X 表示单位面积农药投入；$AESR^{\text{Commercial}}$ 和 $AESR^{\text{De-commercial}}$ 分别表示政府农业技术推广体系商业化改革（1989—2005 年）和逆商业化改革（2006—2016 年）的虚拟变量；[①]$Drought$ 和 $Flood$ 分别表示干旱和洪涝受灾面积占农作物播种面积的比例，取值范围为 [0，1]；$Trend$ 表示控制技术进步的时间趋势项。此外，μ 表示不随时间变化的个体效应，υ 表示随机误差项。α、β_1、β_2、λ、ρ_1、ρ_2、ρ_3、ρ_4 和 ρ_5 均为待估系数。

病虫害爆发的严重性及其对粮食产量的损害程度在不同年份可能存在差异，从而给定农药投入水平的产量效应也可能不同。因此，本章将系数 λ 写成如下形式：

---

① 1989 年，国务院发布《关于依靠科技进步振兴农业加强农业科技成果推广工作的决定》，允许基层农业技术推广机构和人员提供技物结合的服务。农业技术推广机构相继成立营销部门来销售化肥、农药、种子等农资产品。但是，为了解决商业化改革带来的问题，国务院于 2006 年发布《关于深化改革加强基层农业技术推广体系建设的意见》，不再允许乡镇农业技术推广机构和人员从事经营创收活动。

$$\lambda = \lambda_0 + \sum \lambda_{year} D_{year} \quad (3.6)$$

其中，D_{year} 表示一组年份虚拟变量。在这种情况下，λ_0 反映了基年农药投入对粮食作物产量的影响，而 λ_{year} 则反映了各年农药投入对产量影响相对于基年的变化。

3. 研究数据

3.1 研究区域

本章研究以 1985—2016 年 21 个省区的水稻、玉米和小麦 3 种最主要的粮食作物的成本收益数据为基础。考虑到数据可得性，水稻生产成本收益数据主要覆盖 14 个省区，包括辽宁、吉林、黑龙江、江苏、浙江、安徽、福建、江西、湖北、湖南、广东、广西、四川和云南；玉米生产成本收益数据主要覆盖 13 个省区，包括河北、山西、内蒙古、辽宁、吉林、黑龙江、江苏、山东、河南、四川、云南、陕西和新疆；而小麦生产成本收益数据则覆盖了 13 个省区，包括河北、山西、黑龙江、江苏、安徽、山东、河南、湖北、四川、云南、陕西、甘肃和新疆。需要说明的是，上述省区均为 3 种粮食作物相应的主产省区。1985—2016 年，上述 14 个水稻主产省区的水稻产量占全国水稻产量的比重为 88.6%~93.8%；13 个玉米主产省区的玉米产量占全国玉米产量的比重为 83.0%~90.7%；而 13 个小麦主产省区的小麦产量占全国小麦产量的比重为 89.8%~96.4%（国家统计局，1986—2017）。因此，上述省区的选择具有全国代表性。由于个别省区部分年份的数据缺失，本章得到的水稻、玉米和小麦的样本容量分别为 443 个、405 个和 414 个。

3.2 数据来源

本章中粮食作物单位面积产量数据来自《中国统计年鉴》（1986—2017），其中单位面积产量的衡量单位是千克 / 公顷。

本章在模型中考虑了 3 个主要要素：农药、化肥和劳动力。3 个要素投入的衡量单位分别为元 / 公顷、元 / 公顷和天 / 公顷。上述 3 个要素投入数据全部来自《全国农产品成本收益资料汇编》(1986—2017)。其中，农药和化肥投入分别根据历年农药价格指数和化肥价格指数换算到了 1985 年不变价格水平。两种价格指数均来自《中国农村统计年鉴》(1986—2017)。

粮食价格用来估算经济意义上的农药最优投入水平，本章根据《全国农产品成本收益资料汇编》(1986—2017)中主产品产值和产量之比来计算粮食价格。

干旱和洪涝灾害变量主要用来控制自然灾害对粮食作物产量的影响。干旱和洪涝灾害变量分别是干旱和洪涝受灾面积占农作物播种面积的比例。相关数据来自《中国农村统计年鉴》(1986—2017)。

表 3.1 总结了本章主要变量的描述性统计分析。

表 3.1 主要变量的描述性统计

变量名称	水稻（N = 443）		玉米（N = 405）		小麦（N = 414）	
	均值	标准差	均值	标准差	均值	标准差
单位面积产量 /（千克·公顷 $^{-1}$）	6 237.16	1 101.57	5 043.69	1 132.18	3 643.26	1 150.25
农药投入 /（元·公顷 $^{-1}$）	114.05	84.04	25.73	23.94	30.27	25.62
化肥投入 /（元·公顷 $^{-1}$）	326.68	95.35	311.35	109.27	321.91	134.55
劳动力投入（天·公顷 $^{-1}$）	208.62	101.40	171.15	85.09	144.36	79.42
旱灾面积占比 /%	0.06	0.08	0.10	0.10	0.08	0.08
洪灾面积占比 /%	0.05	0.06	0.04	0.05	0.03	0.05

数据来源：《中国统计年鉴》(1986—2017)、《全国农产品成本收益资料汇编》(1986—2017)和《中国农村统计年鉴》(1986—2017)。

4. 结果与讨论

4.1 计量估计结果

表 3.2 汇总了农药投入对水稻、玉米和小麦单位面积产量影响的估计结果。由于本章采用了指数形式的损害控制生产函数，普通最小二乘法无

法对模型进行有效估计。根据 Chen 和 Lian（2013）的研究，本章采用可行的广义非线性最小二乘法对生产函数模型进行估计。如表 3.2 所示，调整后的 R^2 为 0.78~0.81，表明本章建立的生产函数模型具有较好的解释力。

表 3.2 农药投入对粮食作物单位面积产量影响的估计结果

变量	水稻单产对数		玉米单产对数		小麦单产对数	
	系数	t 统计量	系数	t 统计量	系数	t 统计量
化肥投入对数 /（元・公顷 $^{-1}$）	0.04	1.41	0.05	1.17	0.12**	2.57
劳动力投入对数 /（天・公顷 $^{-1}$）	0.03	1.08	0.15***	3.12	0.04	1.11
λ_0	0.12***	3.93	2.28***	5.58	0.90***	5.22
λ_{1986}	0.12	0.36	−0.98*	−1.83	0.69	1.45
λ_{1991}	0.04	0.36	0.26	0.31	−0.51**	−2.09
λ_{1995}	0.05	0.10	0.17	0.17	−0.53**	−1.97
λ_{1997}	5.44***	>50.00	−1.41***	−2.67	11.65	0.00
λ_{2000}	0.01	0.03	−1.11	−1.33	−0.69***	−3.53
λ_{2001}	−0.05	−1.17	−1.61***	−3.46	−0.61**	−2.35
λ_{2002}	−0.05	−1.32	−1.51***	−3.11	−0.66**	−2.34
λ_{2003}	−0.05	−1.00	−1.60***	−3.35	−0.70***	−3.35
λ_{2004}	−0.02	−0.42	−1.80***	−3.89	−0.60***	−2.89
λ_{2005}	−0.04	−0.51	−1.69	−1.63	−0.64***	−2.89
λ_{2006}	−0.07*	−1.69	−1.77***	−3.13	−0.59**	−2.17
λ_{2007}	−0.07	−1.47	−1.79	−1.24	−0.68***	−3.09
λ_{2008}	−0.06	−1.24	−1.89***	−2.66	−0.68**	−2.18
λ_{2009}	−0.07	−1.60	−2.01***	−4.69	−0.70***	−2.65
λ_{2010}	−0.07	−1.57	−2.10***	−5.03	−0.77***	−4.26
λ_{2011}	−0.07	−1.18	−2.12***	−5.03	−0.75***	−4.12
λ_{2012}	−0.08**	−2.11	−2.13***	−4.86	−0.78***	−3.95
λ_{2013}	−0.08**	−2.38	−2.06	−0.83	−0.81***	−4.62
λ_{2014}	−0.09***	−2.66	−2.15***	−4.99	−0.80***	−4.45
λ_{2015}	−0.09**	−2.56	−2.16***	−5.04	−0.79***	−4.43
λ_{2016}	−0.09***	−2.82	−2.16***	−5.13	−0.79***	−4.32
商业化改革（1= 是，0= 否）	0.06***	3.09	0.07**	2.58	0.04	1.03

续表

变量	水稻单产对数		玉米单产对数		小麦单产对数	
	系数	t 统计量	系数	t 统计量	系数	t 统计量
逆商业化改革（1= 是，0= 否）	0.03	1.12	0.07	1.54	0.03	0.54
旱灾面积占比 /%	−0.12*	−1.87	−0.68***	−9.34	−0.58***	−4.98
洪灾面积占比 /%	−0.32***	−4.16	−0.44***	−3.34	−0.79***	−4.12
时间趋势项	0.01***	5.06	0.01***	5.69	0.01***	4.36
省区虚拟变量	是		是		是	
常数项	8.09***	38.86	7.44***	24.64	7.24***	25.36
样本容量 / 个	443		405		414	
调整后的 R^2	0.80		0.78		0.81	

注：考虑到农药投入存在内生性，本章估计的是损害控制生产函数和农药投入函数的系统方程模型。第一步估计农药投入函数，第二步把农药投入的拟合值代入损害控制生产函数。根据结构安排，本书第 4 篇第 12 章汇报第一步的计量估计结果。在 10% 的水平上未通过显著性检验的 λ_{year} 估计结果未汇报。表中 *、**、*** 分别表示在 10%、5%、1% 的水平上显著。

本章主要分析农药投入对粮食作物单位面积产量的影响。如表 3.2 所示，基年农药投入的回归系数（λ_0）全部为正且在 1% 的水平上通过了显著性检验，表明农药投入可以显著地减少粮食作物生产中病虫害爆发导致的产量损失。该发现与以往部分研究的结果是一致的（Huang 等，2001，2002，2003；Zhang 等，2015）。但是，本章也发现农药投入在粮食作物生产中的产量效应因年份而异。在水稻生产中，部分年份的农药投入回归系数（λ_{year}）在 10% 的水平上通过了显著性检验，但是大部分回归系数是负的。在玉米和小麦生产函数模型估计结果中也发现了类似的现象。上述结果意味着农药投入对粮食作物单位面积产量的边际效应总体上随着农药投入的不断增加而递减。

化肥和劳动力投入对粮食作物单位面积产量的影响因作物而异。如表 3.2 所示，水稻和玉米生产中化肥投入的回归系数是不显著的。如 Sun 等（2019）所说，这可能意味着在水稻和玉米生产中的化肥投入是过量的。相比而言，小麦生产中的化肥投入回归系数在 1% 的水平上通过了显著性检验，但是回归系数也就是产出弹性的大小仅为 0.12。除此之外，水稻和小麦生产中的劳动力投入回归系数也不显著，意味着在水稻和小麦生产中增加劳动力投入不会对单位面积产量产生显著的影响（Zhang 等，2015）。尽管玉米生产中劳动力投入的回归系数在1%的水平上通过了显著性检验，但是劳动力投入的产出弹性的水平也较低。

政府农业技术推广体系改革对于粮食作物单位面积产量的影响是复杂的。如表 3.2 所示，大部分改革虚拟变量的回归系数并不显著。在水稻和玉米生产中，农业技术推广体系商业化改革虚拟变量的回归系数分别在 1% 和 5% 的水平上通过了显著性检验。此外，两个灾害变量的回归系数均显著为负，表明旱灾和洪灾的发生会导致水稻、玉米和小麦显著减产。时间趋势项在 1% 的水平上显著为正，意味着过去 30 多年来在水稻、玉米和小麦生产中，技术进步对于产量提高作出了显著贡献。

4.2 农药过量投入的估算结果

根据表 3.2 的计量经济估计结果、要素投入水平以及粮食价格，本章根据式（3.4）估算了经济意义上的农药最优投入水平，结果如图 3.1 所示。

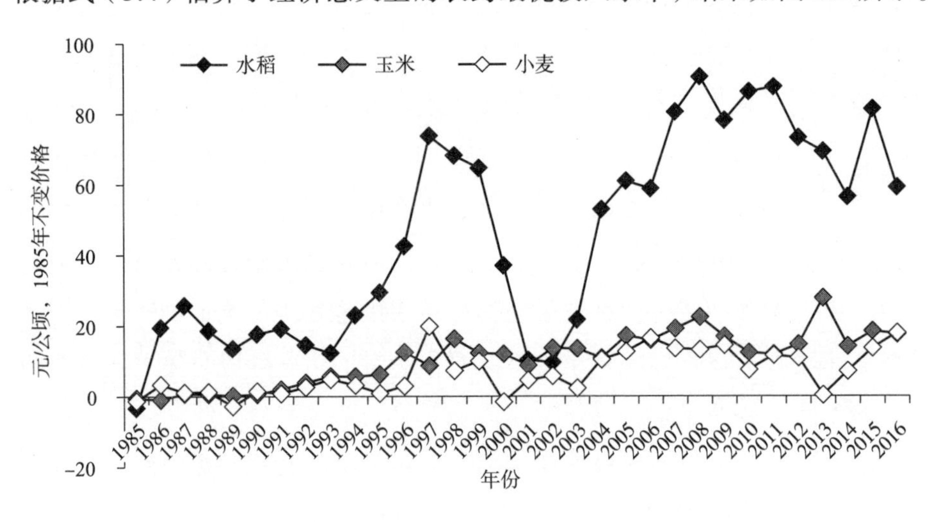

图 3.1　1985—2016 年中国粮食生产中的农药过量投入水平

在水稻、玉米和小麦生产中均存在不同程度的农药过量投入现象，但是水稻生产中的农药过量投入更为严重。除了 1985 年，水稻生产中的农药投入均在不同程度高于经济意义的农药最优投入水平。平均而言，1985—2016 年期间，水稻生产中的农药过量投入超过了 45 元 / 公顷，相当于农药实际投入水平的 40% 左右（见图 3.1）。玉米生产中的农药过量投入为 10.7 元 / 公顷，占农药实际投入水平的 42%（见图 3.1）。相比于水稻和玉米，小麦生产中的农药过量投入比较轻微。如图 3.1 所示，小麦生产中的农药过量投入水平及其占农药实际投入水平的比例均低于水稻和玉米生产中的农药过量投入水平及其占比。

5. 结论与启示

本章基于 1985—2016 年全国农产品成本收益数据，采用计量经济方法和损害控制生产函数估计了农药投入对水稻、玉米和小麦 3 种粮食作物单位面积产量的影响，并据此进一步估算了 3 种粮食作物经济意义上的农药最优投入以及过量投入水平。研究结果表明，农药投入可以显著提高水稻、玉米和小麦的单位面积产量水平，但是农药实际投入超过了经济意义上的农药最优投入。这也就表明，在中国水稻、玉米和小麦生产中存在着较严重的农药过量投入现象。

根据上述研究结果，本章具有以下两个方面的政策启示。

首先，调整增产导向型农业政策体系。长期以来，增产导向型农业政策体系极大地促进了农产品尤其是粮食产量增长，为国家粮食安全作出了重要贡献。但是在农业供给侧结构性改革和乡村振兴战略的政策背景下，中国农业政策体系应从以往的增产导向型向提质增效型转变（魏后凯，2017）。一方面，继续挖掘和加强农产品产量增长的原动力；另一方面，也要不断夯实以农药减施增效为主要内容的农业可持续发展基础，走环境友好型的农业发展道路。

其次，有针对性地实现粮食作物生产中的农药减施增效。尽管水稻、玉米和小麦生产中均存在农药过量投入现象，但是相比于玉米和小麦而言，水稻生产中的农药过量投入程度严重得多。因此，中国粮食生产的农药减施增效应以水稻为重点。一方面，要加强水稻农药减施增效技术的研发强度，大力研发适应于不同地区以及不同类型水稻经营主体特点的农药减施增效技术；另一方面，要加强水稻农药减施增效技术推广服务，充分考虑不同类型水稻经营主体的不同特点，创新并实施满足不同类型农户技术服务需求的技术推广服务模式。

第4章　中国农民过量施用农药的微观证据——以水稻、棉花和玉米为例[1]

1. 引言

大量研究表明，农药施用可以有效减少病虫害导致的农作物产量损失，从而稳定农作物单位面积产量水平和保障农产品供给（Cooper和Dobson，2007；Popp等，2013；Verger和Boobis，2013）。2011年，中国通过农药施用等植保手段挽回的粮食和棉花产量损失分别为8 660万吨和190万吨，分别占当年各自总产量的15.2%和28.8%（农业部，2012）。

农药施用也是一把“双刃剑”，农民不合理的农药施用行为导致了一系列的负外部性（Widawsky等，1998；Ghimire和Woodward，2013）。作为农业大国，中国的农业生产受到农作物病虫害频繁爆发的威胁。因此，农民在农业生产中高度依赖农药，并且试图通过增加农药施用频次和剂量来强化单次病虫害防治效果（Huang等，2001）。2012年，中国的农药施用量（按有效成分折算）高达181万吨（国家统计局，2013），这使得中国成为世界上最大的农药施用国（Ding和Bao，2014）。

近年来，越来越多的研究指出中国农民在农作物生产中存在农药过量

① 本章主要内容发表在Journal of Integrative Agriculture 2015年第14卷第9期。

施用行为（Huang 等，2001，2002；Xu 等，2008）。Huang 等（2001）的研究认为，中国水稻生产中农药的实际施用量比其经济意义上的最优施用量高 40%。此外，也有研究指出，中国农民在非转基因棉花生产中施用的农药比最优施用量高 40 千克 / 公顷，而在转基因 Bt 抗虫棉生产中也有 10 千克 / 公顷的农药是过量施用的（Huang 等，2002）。

总体而言，基于微观数据的农药过量施用研究仍然不足，该方面研究对于引导农民在农业生产中采取有效措施减少农药施用量，从而实现农药减施增效具有重要的政策意义。本书第 3 章基于全国农产品成本收益数据分析了中国粮食生产中的农药过量投入，本章在此基础上采用农户调查数据进一步分析不同农作物生产中的农药过量施用。

2. 研究模型

本章中，农药过量施用是指农药的实际施用量大于其经济意义上的最优施用量，且两者之间的差值可以衡量农药过量施用的程度。具体表达式如下：

$$X_0=X-X^* \tag{4.1}$$

式中，X_0、X 和 X^* 分别是指农药的过量施用程度、实际施用量和经济意义上的最优施用量。显而易见，当 X_0 小于或等于零时，则不存在所谓的农药过量施用；而当 X_0 大于零时，农药施用是过量的。如以往研究所述（Huang 等，2001，2002；Grovermann 等，2013），农作物产量由生产性要素和损害控制要素共同决定。其中，生产性要素是指能够直接提高农作物单位面积产量的要素，而损害控制要素则通过减少病虫害爆发的严重程度来减少农作物产量损失（Lichtenber 和 Zilberman，1986；Lansink 和 Carpentire，2001）。本章中，生产性要素包括化肥、劳动力、灌溉、种子等，而损害控制要素则是指农药。一般而言，农作物生产函数可以表达如下：

$$Q=F(Z)\ G(X) \tag{4.2}$$

式中，Q 是指农作物单位面积产量，Z 是指生产性要素投入水平，而 X 是损害控制要素——农药投入水平。因此，$G(X)$ 是值域为 [0, 1] 的单调非递减函数。在 Cobb-Douglas 生产函数形式中，农药被当作生产性要素。在这种情况下，式（4.2）可以写成如下形式：

$$Q=e^{\alpha}Z^{\beta}X^{\gamma} \tag{4.3}$$

式中，α、β 和 γ 是相关参数，而 e 是自然常数。但是，Cobb-Douglas 生产函数中损害控制函数 $G(X)$ 的设定并不恰当。在实证研究中，往往采用其他形式来替代 Cobb-Douglas 形式的损害控制函数（Lichtenber 和 Zilberman，1986；Blackwell 和 Pagoulatos，1992；Carrasco-Tauber 和 Moffitt，1992）。本章采用 Weibull 形式的损害控制生产函数，公式如下：

$$Q=e^{\alpha}Z^{\beta}(1-e^{-x\lambda}) \tag{4.4}$$

因此，本章可以分别计算式（4.3）和式（4.4）对农药施用量（X）的一阶偏导数：

$$\frac{\partial Q}{\partial X}=\gamma e^{\alpha}Z^{\beta}X^{\gamma-1} \tag{4.5}$$

$$\frac{\partial Q}{\partial X}=\lambda e^{\alpha}Z^{\beta}e^{-X\lambda}X^{\lambda-1} \tag{4.6}$$

上述式（4.5）和式（4.6）分别刻画了两种不同生产函数形式下农药施用量的边际产出。根据经济学理论，当农药的边际收益等于其边际成本时，农民可以获得最大化利润。其中，农药的边际收益等于边际产出和农产品价格的乘积，而农药的边际成本近似地等于其价格。假设 p_y 和 p_x 分别代表农作物和农药的价格，在两种生产函数形式下的利润最大化条件可以表达成如下形式：

$$\gamma e^{\alpha}(Z^{*})^{\beta}(X^{*})^{\gamma-1}\cdot p_y=p_x \tag{4.7}$$

$$\lambda e^{\alpha}(Z^{*})^{\beta}e^{-(X^{*})\lambda}(X^{*})^{\lambda-1}\cdot p_y=p_x \tag{4.8}$$

式中，X^{*} 表示使得利润最大化的农药施用量，也就是经济意义上农药的最优施用量；而 Z^{*} 表示与经济意义上农药最优施用量对应的其他生产性要素投入水平。进一步运算，本章可以分别得到 Cobb-Douglas 生产函数和 Weibull 形式损害控制生产函数条件下经济意义上农药的最优施用量，具体如下：

$$X^* = \gamma Q^* \frac{p_y}{p_x} \tag{4.9}$$

$$X^* = \left[\frac{\lambda p_y(e^{\alpha}(Z^*)^{\beta} - Q^*)}{p_x}\right]^{\frac{1}{1-\lambda}} \tag{4.10}$$

式中，Q^* 表示与经济意义上农药最优施用量对应的农作物单位面积产量水平。

因此，本章的关键是要对生产函数进行估计。为了方便生产函数估计，对式（4.3）和式（4.4）两边分别取对数，并加入其他控制变量。具体计量经济模型如下：

$$\ln Q_i = \alpha + \sum \beta_m \ln Z_{im} + \gamma \ln X_i + \sum \theta_n C_{in} + u_i \tag{4.11}$$

$$\ln Q_i = \alpha + \sum \beta_m \ln Z_{im} + \ln(1 - e^{-X_i^{\lambda}}) + \sum \theta_n C_{in} + \varepsilon_i \tag{4.12}$$

式中，C 为控制变量，下标 i 表示第 i 个农户，下标 m 表示第 m 种生产性要素，下标 n 表示第 n 个控制变量，α、β、γ、λ 和 θ 均为待估系数，u 和 ε 表示随机误差项。具体而言，本章中生产性要素包括化肥、劳动力和其他投入（主要包括种子、灌溉、机械和农业服务费用等）。控制变量主要包括户主年龄（岁）、受教育年限（年）、性别（1= 女，0= 男）、是否采用杂交品种（1= 是，0= 否）、种植年份（1=2013 年，0=2012 年），以及县（市、区）虚拟变量和种植季节虚拟变量。

3. 数据来源

3.1 农户调查

本章的研究数据来自 2012 和 2013 年对广东、江西和河北 3 个省水稻、棉花和玉米种植农户的两轮调查。其中，广东的样本农户种植早稻和晚稻，江西的样本农户种植中稻和棉花，而河北的样本农户种植棉花和玉米。

在每一个省，我们选取了两个县（市、区），包括广东的廉江市、徐闻县，江西的九江县（今为九江市柴桑区）、九江经济开发区，以及河北的清河县和河间市。在每一个县（市、区），我们根据随机抽样原则选取了两个村。在每一个村，我们根据农户花名册随机选取了20~25户农户。但是，2012年和2013年部分被选取的农户并未种植水稻、棉花或玉米；江西九江经济开发区在2013年对两个样本村进行了征地，从而使得2013年九江经济开发区的农户样本全部损耗。最终，水稻样本容量为209个、棉花样本容量为134个、玉米样本容量为116个。

在农户调查中，我们主要收集了农户的户主个人特征、农作物单位面积产量以及各种物质和劳动力投入等数据信息。为了获得农作物种植季节中每一次农药施用以及每一种农药的详细信息，我们调查了每一次农药施用的日期、时间长度以及每一种农药的化学名称、实际施用量、有效成分含量以及价格。

3.2 描述性统计

表4.1显示了农户的户主个人和其他特征的描述性统计分析。不难看出，户主年龄最小值和最大值分别为24岁和76岁，平均年龄为51.46岁。户主的平均受教育年限为7.19年，大致略高于小学毕业的水平。女性户主占比达到了28%；而家庭人口数量最少的为1人，最多的为9人，平均为4.23人。此外，38%和46%的农户分别种植了杂交水稻和杂交棉花。

表4.1 农户个人和家庭特征的描述性统计

变量	均值	标准差	最小值	最大值
年龄/岁	51.46	10.13	24	76
受教育年限/年	7.19	3.70	0	15
女性（1=是，0=否）	0.28	0.45	0	1
家庭人口/人	4.23	1.61	1	9

续表

变量	均值	标准差	最小值	最大值
杂交水稻（1= 是，0= 否）	0.38	0.49	0	1
杂交棉花（1= 是，0= 否）	0.46	0.50	0	1

注：本章采用的数据是 2012 年和 2013 年两年跟踪数据，大部分农户是重复出现的。

表 4.2 汇报了样本农户的农作物单位面积产量、要素投入及相关价格的描述性统计结果。其中，水稻、棉花和玉米的平均单位面积产量分别为 5 560 千克 / 公顷、2 270 千克 / 公顷和 8 770 千克 / 公顷。按照有效成分折算后，上述 3 种农作物生产中的农药平均施用量分别为 3.87 千克 / 公顷、8.89 千克 / 公顷和 3.14 千克 / 公顷，而折纯后的化肥施用量则分别为 464 千克 / 公顷、627 千克 / 公顷和 320 千克 / 公顷。不难看出，棉花生产中的单位面积农药和化肥施用量均最高，而玉米生产中的农药和化肥施用量最低。上述 3 种农作物生产中的劳动力投入也存在较大差异。其中，棉花生产的劳动力投入最多，达到了 2 386 小时 / 公顷，相比而言，水稻和玉米生产的劳动力投入仅分别为 832 小时 / 公顷和 180 小时 / 公顷。其他投入在不同农作物之间并没有明显差异。水稻、棉花和玉米生产的其他投入分别为 3 910 元 / 公顷、2 960 元 / 公顷和 2 860 元 / 公顷。

表 4.2　农户的农作物单位面积产量、要素投入和价格

变量	水稻		棉花		玉米	
	均值	标准差	均值	标准差	均值	标准差
单位面积产量 /（10^3 千克 · 公顷 $^{-1}$）	5.56	1.44	2.27	0.95	8.77	1.91
农药 /（千克 · 公顷 $^{-1}$）	3.87	6.37	8.89	9.56	3.14	3.15
化肥 /（10^2 千克 · 公顷 $^{-1}$）	4.64	3.17	6.27	5.57	3.20	1.40
劳动力 /（10^2 小时 · 公顷 $^{-1}$）	8.32	7.04	23.86	18.96	1.80	1.79
其他投入 /（10^3 元 · 公顷 $^{-1}$）	3.91	2.01	2.96	4.38	2.86	1.83
农作物价格 /（元 · 千克 $^{-1}$）	2.79	0.55	7.68	0.54	1.77	0.37
农药平均价格 /（元 · 千克 $^{-1}$）	443.01	546.50	353.94	492.03	212.69	291.64

注：农药和化肥分别按照有效成分折纯，其他投入按照《中国统计年鉴》（2014）中的其他农业生产资料和服务价格指数进行不变价格换算。

从表 4.2 中也可以看出，不同农作物的价格存在明显差异。其中，棉花的价格最高，达到了 7.68 元 / 千克，其次为水稻和玉米，分别为 2.79 元 / 千克和 1.77 元 / 千克。不同农作物生产中的农药平均价格也不一样，这主要与农药施用结构有关。平均而言，水稻生产中的农药平均价格为 443.01 元 / 千克，高于棉花生产中的农药平均价格 353.94 元 / 千克和玉米生产中的平均农药价格 212.69 元 / 千克。需要说明的是，本章中的农药价格是指按有效成分比例折算后的农药价格而非农药产品的价格。由于不同类型农药有效成分比例的差异非常巨大，并且农民在水稻、棉花和玉米生产中采用的农药品种也存在巨大差异，从而导致不同农作物之间按有效成分比例折算后的农药价格存在差异。

4. 计量回归结果

本章分别采用普通最小二乘法和非线性最小二乘法来估计式（4.11）和式（4.12）。为了避免潜在的异方差性和自相关问题，本章采用异方差聚类稳健估计法来修正标准误。估计结果如表 4.3 所示。对水稻和棉花而言，Cobb–Douglas 生产函数调整后的 R^2 为 0.44~0.56，而 Weibull 形式的损害控制生产函数调整后的 R^2 为 0.48~0.62。对玉米而言，Cobb–Douglas 生产函数和 Weibull 形式的损害控制生产函数调整后的 R^2 分别为 0.13 和 0.26。因此，本章建立的计量经济模型具有较好的解释力。

表 4.3　农药施用对农作物单位面积产量影响的估计结果

变量	Cobb–Douglas 生产函数			Weibull 形式的损害控制生产函数		
	水稻	棉花	玉米	水稻	棉花	玉米
化肥对数 /（10^2 千克 · 公顷 $^{-1}$）	0.07* （1.70）	−0.00 （−0.05）	−0.01 （−1.42）	0.07* （1.67）	−0.00 （−0.01）	−0.01 （−1.41）
劳动力对数 /（10^2 小时 · 公顷 $^{-1}$）	−0.02 （−0.67）	0.05 （1.16）	0.04 （1.36）	−0.02 （−0.63）	0.05 （1.18）	0.04 （1.44）
其他投入对数 /（10^3 元 · 公顷 $^{-1}$）	−0.02 （−0.84）	0.02 （0.42）	0.02 （0.39）	−0.02 （−0.83）	0.02 （0.41）	0.02 （0.39）

续表

变量	Cobb-Douglas 生产函数			Weibull 形式的损害控制生产函数		
	水稻	棉花	玉米	水稻	棉花	玉米
农药对数 /（千克·公顷 $^{-1}$）	0.05*** （3.48）	0.09*** （3.13）	0.04* （1.85）			
λ				0.09*** （3.47）	0.23*** （3.61）	0.06* （1.71）
年龄对数 / 岁	0.00 （0.02）	−0.15 （−0.90）	0.06 （0.51）	0.01 （0.06）	−0.18 （−1.07）	0.06 （0.51）
受教育年限对数 / 年	0.00 （0.03）	−0.00 （−0.21）	0.00 （0.32）	0.00 （0.02）	−0.00 （−0.37）	0.00 （0.31）
女性（1= 是，0= 否）	0.07 （1.51）	−0.04 （−0.50）	0.03 （0.75）	0.07 （1.52）	−0.05 （−0.56）	0.03 （0.75）
2013 年（1= 是，0= 否）	−0.07* （−1.98）	−0.37*** （−5.57）	−0.12*** （−3.66）	−0.07* （−1.97）	−0.37*** （−5.64）	−0.12*** （−3.65）
杂交品种（1= 是，0= 否）	0.19*** （4.18）	0.20*** （3.17）		0.19*** （4.18）	0.20*** （3.31）	
县（市、区）虚拟变量	是	是	是	是	是	是
种植季节虚拟变量	是			是		
常数项	8.34*** （16.99）	7.89*** （11.37）	8.67*** （15.14）	8.78*** （17.85）	8.41*** （12.16）	9.12*** （16.00）
样本容量	209	134	116	209	134	116
调整后的 R^2	0.44	0.56	0.19	0.48	0.62	0.26

注：括号内为 t 统计值。*、** 和 *** 分别表示在 10%、5% 和 1% 的水平上显著。

本章感兴趣的是农药施用量的回归系数。在表 4.3 中，Cobb-Douglas 生产函数和 Weibull 形式的损害控制生产函数的农药施用量回归系数均在 10% 或 1% 的水平上通过了显著性检验。这表明，农药施用可以显著提高水稻、棉花和玉米的单位面积产量。在其他因素不变的条件下，Cobb-Douglas 生产函数估计结果表明农药施用量每提高 10%，则水稻、棉花和小麦的单位面积产量会相应地提高 0.5%、0.9% 和 0.4%。相比而言，Huang 等（2002）在研究中国转基因 Bt 抗虫棉时发现，Cobb-Douglas 生产函数中的农药施用量的回归系数不显著，且 Weibull 形式的损害控制生产函数中的农药施用变量的回归系数是显著为负的，从而意味着 Huang 等（2002）的样本农户在生产转基因 Bt 抗虫棉时的农药实际施用量远超出其经济意义上的最优施用量，从而导致农药施用的边际产出几乎等于零甚至为负。

此外，在棉花和玉米模型中，化肥施用的回归系数不显著，表明在棉花和玉米生产中存在化肥过量施用。水稻模型中化肥施用的产出弹性为正且在 10% 的水平上通过了显著性检验，表明在水稻生产中化肥施用仍然可以促进单位面积产量的增长。借助 Cobb-Douglas 生产函数计算最优施用量的方法，本章也计算了水稻生产中经济意义上化肥的最优施用量，结果发现 Cobb-Douglas 生产函数和 Weibull 形式的损害控制生产函数中的化肥最优施用量分别为 153 千克 / 公顷和 151 千克 / 公顷[①]。因此，尽管化肥施用可以显著提高水稻单位面积产量，但是仍然是过量的。

回归结果也发现，水稻、棉花和玉米生产中的劳动力投入和其他要素投入的回归系数并不显著，从而说明劳动力投入和其他要素投入不能显著提高水稻、棉花和玉米的单位面积产量，这也就意味着农户在上述 3 种农作物生产中投入的劳动力和其他要素高于其最优投入量。考虑到化肥和农药施用在某种程度与劳动力投入存在互补性，因此在农药和化肥均过量施用的条件下，劳动力投入也可能会过量。

对于农户的个人特征而言，户主的年龄、受教育年限和性别均不显著，表明这些因素对于水稻、棉花和玉米的单位面积产量并没有产生显著影响。但是，年份虚拟变量的回归系数在水稻、棉花和玉米模型中均显著为负，说明相比 2012 年，2013 年的水稻、棉花和玉米单位面积产量显著下降。年份之间的单位面积产量变化可能是由天气因素导致的。此外，水稻和棉花的杂交品种虚拟变量的回归系数均显著为正。由于水稻和棉花杂交品种

---

① 计算经济意义上化肥最优施用量的方法与 Cobb-Douglas 生产函数条件下计算经济意义上农药最优施用量的方法是相同的。根据农户调查数据，水稻、棉花和玉米生产中的化肥平均价格分别为 7.09 元 / 千克、6.59 元 / 千克和 7.57 元 / 千克。

变量在 Weibull 损害控制生产函数中的回归系数分别为 0.19 和 0.20，通过计算可知水稻杂交品种和棉花杂交品种的单位面积产量比其他非杂交品种分别显著地高 20.4% 和 22.1%，在 Cobb-Douglas 生产函数结果中，杂交品种对单位面积产量的影响较小一些但也接近 20%。因此，本章的研究发现与以往研究结果是一致的（Lin，1994；Huang 和 Rozelle，1996）。

本章计算了农药施用的边际产出和最优施用量，结果如表 4.4 所示。根据 Cobb-Douglas 生产函数估计结果，水稻、棉花和玉米生产中每 1 千克农药施用量的边际产出分别为 71.22 千克、23.65 千克和 108.73 千克；而根据 Weibull 形式的损害控制生产函数的估计结果，水稻、棉花和玉米生产中每 1 千克农药施用量的边际产出则略低，分别为 71.06 千克、22.73 千克和 98.45 千克。在水稻、棉花和玉米生产中，农药施用边际产值和农药价格的比值均小于 1，意味着样本农户在水稻、棉花和玉米生产中存在着农药过量施用。

表 4.4　农药施用的边际产出、最优施用量和农药过量施用程度

边际产出、施用量	Cobb-Douglas 生产函数			Weibull 形式的损害控制生产函数		
	水稻	棉花	玉米	水稻	棉花	玉米
每千克农药施用量的边际产出 / 千克	71.22	23.65	108.73	71.06	22.73	98.45
农药边际产出价值对农药价格的比值	0.45	0.51	0.90	0.45	0.49	0.82
实际农药施用量 /（千克·公顷 $^{-1}$）	3.87	8.89	3.14	3.87	8.89	3.14
最优农药施用量 /（千克·公顷 $^{-1}$）	1.74	4.56	2.83	1.66	3.17	2.60

注：农药施用的边际产出和最优施用量均根据估计系数和相关变量算术平均数计算得到。

根据式（4.9）和式（4.12），本章计算了上述 3 种农作物生产中经济意义上农药的最优施用量（见表 4.4）。在 Cobb-Douglas 生产函数条件下，水稻、棉花和玉米生产中分别有 55%、49% 和 10% 的农药是过量施用。此外，根据 Weibull 形式的损害控制生产函数估算的农药过量比例更高，其中水稻、棉花和玉米的农药过量施用比例分别为 57%、64% 和 17%。因此，上述研究结果发现，相比于 Weibull 损害控制生产函数，Cobb-Douglas 生产函数会高估农药施用对农作物单位面积产量的正向影响，当然这种高估在本章中并不明显。

5. 结论

在全世界范围内，农药已经成为主要的农业生产要素之一。尤其在中国，农民被认为在农作物生产中过量施用农药，但是基于微观调查数据的农药过量施用研究仍然不足。本章采用 Cobb–Douglas 生产函数和 Weibull 形式的损害控制生产函数估计了农户在水稻、玉米和棉花生产中农药施用对单位面积产量的影响以及农药最优施用量。数据来自 2012 年和 2013 年的农户调查数据。为了避免潜在的异方差性和自相关问题，本章采用聚类稳健估计来修正标准误。

研究结果显示，在水稻、棉花和玉米生产中农药施用对单位面积产量具有显著的正向影响，表明在其他因素不变的条件下，农药施用可以通过减少农作物病虫害导致的损失而提高农作物单位面积产量。但是，农药施用的边际收益仍然不足以抵消其边际成本（即农药价格），说明农民在上述 3 种农作物生产中存在农药过量施用行为。除此以外，相比 Weibull 形式的损害控制生产函数，Cobb–Douglas 生产函数可能会高估农药施用对农作物单位面积产量的正向影响。

本章的结果也存在一些缺陷。首先，没有揭示农户在防治不同类型病虫害时的农药过量施用差异。其次，没有揭示农户是否在不同类型农作物生产中存在农药不足施用。

第5章　农药施用过量和不足——基于病虫草害防治视角的考察①

1. 引言

在农业生产中，农药被用来减少因病虫草害导致的农作物产量损失（Cooper 和 Dobson，2007；Popp 等，2013）。中国是全世界最大的农药施用国（Huang 等，2008；Mc Beath，2010）。中国平均每公顷耕地的农药施用量是世界平均水平的2.5~5倍（邱德文，2011）。因此，中国农民也经常被指在农业生产中高度依赖农药施用（Huang 等，2001；Sexton 等，2007），从而导致农药过量施用现象十分普遍（Huang 等，2001，2002）。研究表明，中国农民在水稻和棉花生产过程中施用的农药大约有30%和60%是过量的（Huang 等，2001，2002）。

但是，以往研究对农民的农药过量施用基本上都是从经济意义上进行考察的，极少有从农作物病虫草害是否得到有效防治的角度对该问题进行剖析。由于农民的病虫草害发生、防治和农药施用知识和信息有限，因此农民在实际生产中既可能在防治部分病虫草害时过量施用农药，也可能在防治部分病虫草害时不足施用农药（Chen 等，2013；Hou 等，2012；Yang

① 本章主要内容发表在 Science of the Total Environment 2015 年第 538 卷。

等，2005）。事实上，农药过量施用已经引起了广泛的关注和讨论，但是对于农药不足施用的研究仍然极其缺乏。

本章的目标是从农作物病虫草害是否得到有效防治的角度深入揭示中国农民在不同类型农作物生产中的农药施用行为。其中，重点是研究农民是否在防治部分病虫草害时过量施用农药而在防治另一部分病虫草害时不足施用农药。本章也讨论了农药过量施用和不足施用的负面影响及其部分原因。

2. 研究方法与数据

2.1 样本选取

本章样本农户来自广东、江西和河北 3 个省的 12 个村。2012 年 3 月初—2013 年 12 月，我们对样本农户进行了为期两年的跟踪调查。我们在每个省随机选取了 2 个县（市、区），在每个县又随机选取了 2 个村。在每个村中，我们根据村委会提供的村民花名册随机选取了 20~25 户农户。由于被选中的少数农户不能或不愿意参与入户调查，或不能提供有关农药施用的具体信息，本章的最终有效农户数为 246 户。

本章重点关注水稻、棉花、玉米和小麦 4 种农作物生产中的农药施用情况。其中，广东种植水稻，江西种植水稻和棉花，河北种植棉花、玉米和小麦。由于调查横跨 2012 年和 2013 年，且同一年水稻生产也分不同种植季节。为了方便表述，本章使用“防治事件”的概念来表示每个农户每一年种植的每一季农作物。例如，如果一户农户在 2012 年和 2013 年都分别种植了早稻和晚稻，那么就形成了 4 个防治事件；如果一户农户仅在 2012 年种植了玉米，则只形成一个防治事件。最终，共计有 535 个防治事件，其中包括 209 个水稻防治事件、134 个棉花防治事件、116 个玉米防治事件和 76 个小麦防治事件。

2.2 农药施用信息记录

为了分析农户的农药施用行为，我们请样本农户详细记录其每一次农药施用过程中的具体信息，主要包括每一次农药施用的目标农作物、农药施用时间长度以及每一种农药的化学名称、施用量、有效成分百分比和购买价格等。为了提高信息记录的准确性和完整性，我们每年安排若干次有关信息记录的现场培训，而且每半个月或1个月安排调查员对所有农户进行跟踪回访，并帮助农户把不准确和不完备的信息补充完整。

对于每一种农作物病虫草害，我们结合农药施用量和有效成分百分比来计算每一种农药的有效成分施用量。与此同时，我们从农业部（现为农业农村部）农药检定所主管的中国农药信息网（http://www.icama.org.cn/hysj/index.jhtml）获取每一种农药在防治每一种农作物病虫草害时的科学推荐剂量。据此，我们把防治每一种农作物病虫草害的农药进行了归类。农药施用量的衡量单位是克/公顷。

2.3　入户调查

除了跟踪调查农户的农药施用信息以外，我们对所有农户开展了面对面的入户调查。问卷调查的信息较多，与本章直接相关的问题主要包括3个部分。第一，过去10年每一种农作物病虫草害的爆发频次以及在不施用农药防治情况下农户的产量损失估计。第二，为了测试农户关于农药施用的知识水平，我们设计了5道简单的农药知识测试题，并计算每户农户的测试得分。第三，我们调查了每户农户的农药购买和施用信息来源。

2.4　农作物病虫害分类

除了草害以外，本章把所有农作物病虫害划分为主要病虫害和次要病虫害两大类。其中，水稻主要病虫害包括二化螟（一代~四代）、三化螟（一代~四代）、稻飞虱、稻纵卷叶螟、纹枯病和稻瘟病，次要病虫害包括稻蓟马、大螟、蝗虫、稻苞虫、稻曲病、白叶枯病、赤枯病和立枯病；棉花主要病虫害包括棉铃虫（二代~五代）、棉蚜虫、盲蝽蟓、红蜘蛛、黄萎病和枯萎病，次要病虫害包括蓟马、小造桥虫、立枯病、炭疽病和疫病；玉米主要病虫害包括玉米螟（二代~三代）和小斑病，次要病虫害包括地下害虫、蚜虫、黏虫、蝗虫和斜纹夜蛾；小麦主要病虫害包括蚜虫、白粉病和锈病，次要病虫害包括黏虫、地下害虫、红蜘蛛、纹枯病和赤霉病。

2.5 指数量法

一般而言，农民往往在一次施药过程中同时施用多种农药来防治农作物病虫草害，也就是所谓的农药混用（pesticide cocktail）。但是，由于不同农药的科学推荐剂量存在差异，因此简单比较不同农药的有效成分施用量不可行。因此，本章创造性地提出一种准比例的指数量法，把防治某种农作物病虫草害的不同农药的有效成分施用量换算为参照农药的指数量。其中，参照农药通常可以选择防治该种农作物病虫草害的最常用农药品种。我们假设防治同一种农作物病虫草害的不同农药的指数量具有近乎相等的防治效果，因此，参照农药的指数量也就是其实际施用量。在此基础上，我们可以把防治该种农作物病虫草害的不同农药的指数量加总，并比较加总后的农药指数量和参照农药的科学推荐剂量，从而可以判断防治该种农作物病虫草害时的农药是过量施用、适量施用还是不足施用。

为了方便理解，本章提供 3 种不同情境来解释指数量法的具体做法。不失一般性，假设农民采用两种不同的农药来防治某种病虫草害（例如，水稻二化螟）。其中，第一种农药为 P_1，第二种农药为 P_2，同时假设 P_1 为参照农药。在防治该种病虫草害时，农药 P_1 的科学推荐剂量范围是 $[L_1, U_1]$，而农药 P_2 的科学推荐剂量范围是 $[L_2, U_2]$，单位均为克 / 公顷。此外，假设农药 P_i（$i = 1, 2$）的实际施用量为 a_i 克 / 公顷。因此，可以计算农药 P_2 的指数量，记为 a_2^{index} 克 / 公顷。其具体换算办法如下所示：

情境Ⅰ：如果 $a_2 < L_2$，那么 $a_2 / L_2 = a_2^{\text{index}} / L_1$。解该方程可得：

$$a_2^{\text{index}} = a_2 \times (L_1 / L_2) \tag{5.1}$$

情境Ⅱ：如果 $L_2 \leqslant a_2 \leqslant U_2$，那么 $(a_2 - L_2) / (U_2 - a_2) = (a_2^{\text{index}} - L_1) / (U_1 - a_2^{\text{index}})$。解该方程可得：

$$a_2^{\text{index}} = [a_2 \times (U_1 - L_1) + (L_1 U_2 - L_2 U_1)] / (U_2 - L_2) \tag{5.2}$$

情境 III：如果 $a_2 > U_2$，那么 $a_2 / U_2 = a_2^{index} / U_1$。解该方程可得：

$$a_2^{index} = a_2 \times (U_1 / U_2) \quad (5.3)$$

通过采用指数量法，本章得到两种农药的指数量之和，记为 a^{index} 克/公顷，具体计算方法如下：

$$a^{index} = \sum a_i^{index}, (i = 1, 2) \quad (5.4)$$

根据上述农药指数量之和，本章比较加总的农药指数量和参照农药的科学推荐剂量来定义如下 4 种农药施用行为：

农药施用过量：$a^{index} > U_1$；

农药施用适量：$L_1 \leqslant a^{index} \leqslant U_1$；

农药不足施用：$a^{index} < L_1$；

农药零施用：$a^{index} = 0$，即农民未施用任何农药对某种农作物病虫草害进行防治。

3. 结果

3.1 农户的农药施用基本情况

调查发现，样本农户不仅农药施用剂量较大，而且防治不同类型农作物病虫草害的农药品种也较多。总体而言，样本农户共施用 107 种有效成分的农药品种来防治水稻、棉花、玉米和小麦生产中的 54 种病虫草害（见表 5.1）。其中，棉花和水稻生产中施用的农药品种最多，分别为 81 种和 59 种，主要是因为这两种农作物的病虫草害种数相比玉米和小麦而言更多，分别为 15 种和 21 种（见表 5.1）。通过观察每种农作物每年施用的农药品种数和每次施用的农药品种数也能得到类似的结果。

表 5.1 农户施用的农药品种数和防治的病虫草害种数

农作物	施用的农药品种数			防治的病虫草害种数		
	总计	每户每年	每户每次	总计	每户每年	每户每次
水稻	59	4.2	2.2	21	7.3	4.5
棉花	81	6.8	2.6	15	5.6	2.5
玉米	41	3.9	2.3	9	3.2	2.0
小麦	30	2.6	1.7	9	2.2	1.6
总计	107			54		

除了草害以外，农民在施用多种农药防治主要农作物病虫害时，也顺带防治部分偶发的次要病虫害。平均而言，每户农户每次分别施用了 2.2 种、2.6 种、2.3 种和 1.7 种农药来防治 4.5 种水稻病虫草害、2.5 种棉花病虫草害、2.0 种玉米病虫草害和 1.6 种小麦病虫草害（见表 5.1）。除此以外，农民也会施用多种农药来防治单一农作物病虫草害。例如，为了防治二代棉铃虫，样本农户总计施用了 39 种不同有效成分的农药，其中每户每年施用的农药品种数为 4.7 种，而每户每次施用的农药品种数也高达 2.8 种。

3.2 农药过量施用与不足施用并存

农药过量施用并不一定如以往研究所言的那样普遍（Huang 等，2001，2002；Widawsky 等，1998）。对于 9 种农作物病虫害而言，在超过 50% 的防治事件中农药是过量施用的。这 9 种病虫害分别是（按农药过量施用的防治事件占比排序）：水稻一代二化螟（75.8%）、稻飞虱（66.5%）、稻纵卷叶螟（65.6%）、水稻三代二化螟（52.4%）和稻蓟马（60.3%），棉蚜虫（72.4%）和二代棉铃虫（56.7%），二代玉米螟（63.8%），以及小麦蚜虫（90.8%）（见图 5.1、图 5.2、图 5.3、图 5.4）。相比而言，农民适量施用农药的防治事件占比偏低，均低于 18.1%（见图 5.1 、图 5.2、图 5.3、图 5.4）。

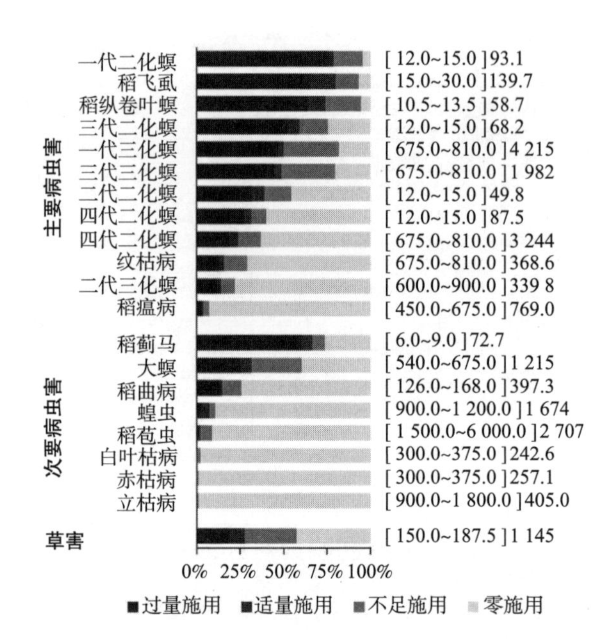

图 5.1　农户的农药过量、适量、不足和零施用情况（水稻）

注：括号内为参照农药的科学推荐剂量，括号外为农药平均指数量，单位均为克 / 公顷。

除了农药过量施用和适量施用以外，农药的不足施用和零施用也比较普遍。对于 44 种农作物病虫草害，农药不足施用和零施用的防治事件占比超过了 50.0%，而对于其中 32 种农作物病虫草害，该比例甚至超过了 75.0%（见图 5.1、图 5.2、图 5.3、图 5.4）。其中，在 11 种病虫草害防治中，农药施用量在超过 20.0% 的防治事件中低于科学推荐剂量，包括稻纵卷叶螟（21.1%）、水稻一代三化螟（31.8%）、水稻三代三化螟（30.8%）、水稻大螟（28.7%）、水稻草害（29.7%），二代棉铃虫（28.4%）、三代棉铃虫（35.1%）、棉花红蜘蛛（35.8%）、棉花盲蝽蟓（28.4%）、棉花小造桥虫（20.9%），以及小麦草害（33.6%）（见图 5.1、图 5.2、图 5.4）。对于另外 13 种病虫草害，农药不足施用的防治事件比例也超过了 10.0%（见图 5.1、图 5.2、图 5.3、图 5.4）。对于 23 种农作物病虫草害而言，农药不足施用的防治事件占全部防治事件的比例甚至超过了农药过量施用的防治事件占比，这些病虫草害包括水稻大螟、三代棉铃虫、棉花盲蝽蟓、棉花小造桥虫和小麦草害等（见图 5.1、图 5.2、图 5.4）。

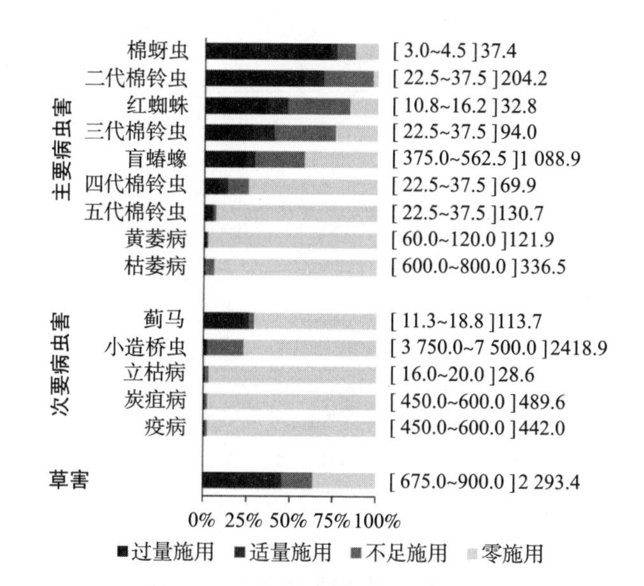

图 5.2 农户的农药过量、适量、不足和零施用情况（棉花）

注：括号内为参照农药的科学推荐剂量，括号外为农药平均指数量，单位均为克 / 公顷。

样本农户在 5.4% 的防治事件中不施用任何农药防治主要病虫害和草害，而在 31.2% 的防治事件中不施用任何农药防治次要病虫害。相比虫害，农户对农作物病害的防治力度要低得多。在 86.4% 的防治事件中，样本农户不施用农药来防治次要病害，甚至在 83.2% 的防治事件中，样本农户也不施用农药来防治主要病害。因此，相比病害而言，农户更加注重虫害的防治；而相比次要病虫害，农户更加关注主要病虫害的防治。

如果剔除农药零施用的防治事件，本章发现农药过量施用的程度也比较高。平均而言，在 42 种农作物病虫草害防治中，农药的平均指数量超过了参照农药的科学推荐剂量（见图 5.1、图 5.2、图 5.3、图 5.4）。例如，防治小麦黏虫的农药的平均指数量为 112.2 克 / 公顷（见图 5.4），几乎是相应的参照农药科学推荐剂量的 15 倍。对于玉米黏虫、二代玉米螟、棉蚜虫、小麦蚜虫和稻蓟马而言，农药的平均指数量是相应参照农药科学推荐剂量的 8 倍以上。此外，对于全部 54 种农作物病虫草害而言，农药的指数量和相应参照农药科学推荐剂量上限之比的平均值也高达 3.5，这充分说明在剔除农药零施用防治事件后，农药过量施用的情况仍然不容乐观。

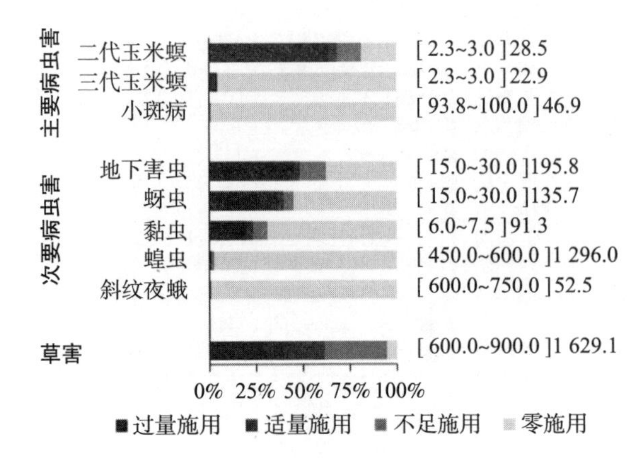

图 5.3　农户的农药过量、适量、不足和零施用情况（玉米）

注：括号内为参照农药的科学推荐剂量，括号外为农药平均指数量，单位均为克 / 公顷。

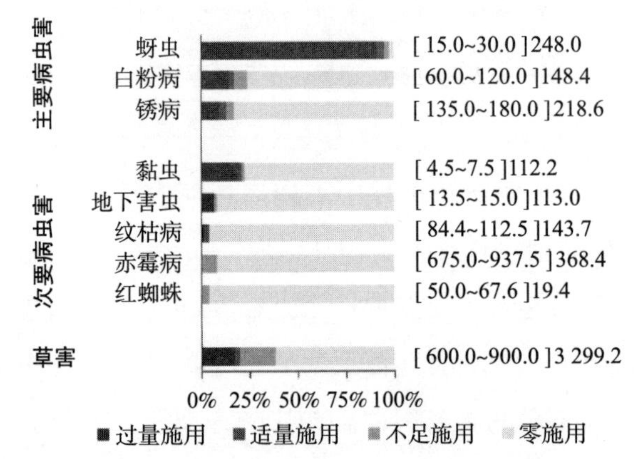

图 5.4　农户的农药过量、适量、不足和零施用情况（小麦）

注：括号内为参照农药的科学推荐剂量，括号外为农药平均指数量，单位均为克 / 公顷。

3.3　农民的知识和信息来源

样本农户的农药施用知识十分有限。五道测试题每题答对得 1 分，答错不得分。246 户农户的平均得分为 3.1 分。其中仅有 15.3% 的样本农户得了满分，而高达 64.0% 的农户的得分低于平均分（见图 5.5）。

从表 5.2 不难看出，36.0% 的样本农户竟然认为为了防治更多病虫草害，可以将任意两种或多种的农药混合施用。此外，调查发现农民对于农药毒性的相关知识也十分片面和不足（见表 5.2）。更有甚者，23.3% 的样

本农户错误地把氯氰菊酯这种十分常见的杀虫剂当作杀菌剂（见表 5.2）

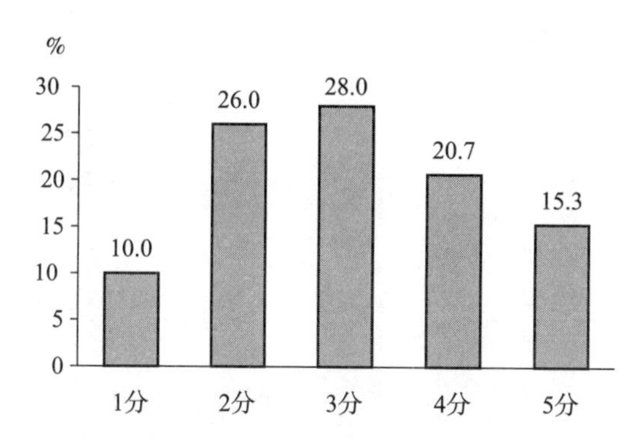

图 5.5　农户的农药知识测试得分分布情况

表 5.2　农户的农药知识测试题及回答情况统计

题目	答案	正确回答的比例 /%
题 1：农药施用量越高，农作物产量就一定越高	否	71.3
题 2：农药毒性越高，其病虫草害防治效果一定越好	否	51.3
题 3：为了防治更多病虫草害，可以将任意两种农药混合施用	否	36.0
题 4：氯氰菊酯是杀菌剂	否	76.7
题 5：施用了错误种类的农药，有时会使病虫草害更严重	是	70.0

农药店是农户获取农药购买和施用信息的最主要来源。如图 5.6、图 5.7 所示，分别有 56.7% 和 50.7 的样本农户从农药店获得有关农药品种和农药施用量的信息。除此以外，农户自己关于病虫草害防治和农药施用的经验是另一个重要的信息来源，其中分别有 26% 和 10% 的农户把自己经验当作购买农药和决定农药施用量的最主要信息来源（见图 5.6、图 5.7）。另外，10.7% 的农户从邻居获得农药购买的相关信息。令我们感到意外的是，仅有 38.0% 的农户根据农药使用说明书来决定农药施用量（见图 5.7）。

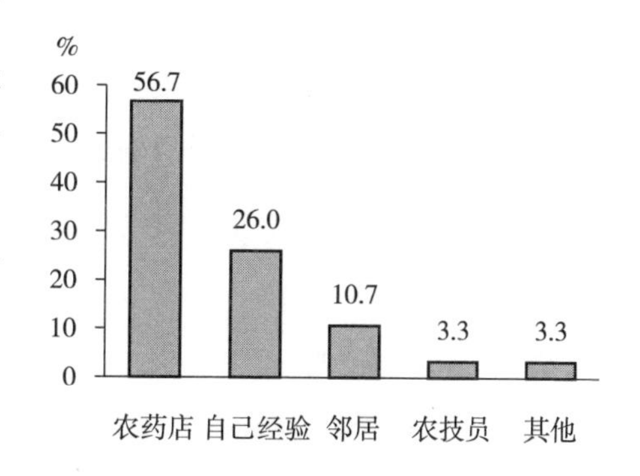

图 5.6　农药购买信息来源情况

调查也发现，政府农业技术推广人员在向农户提供农药购买和施用信息方面并没有起到最主要作用。

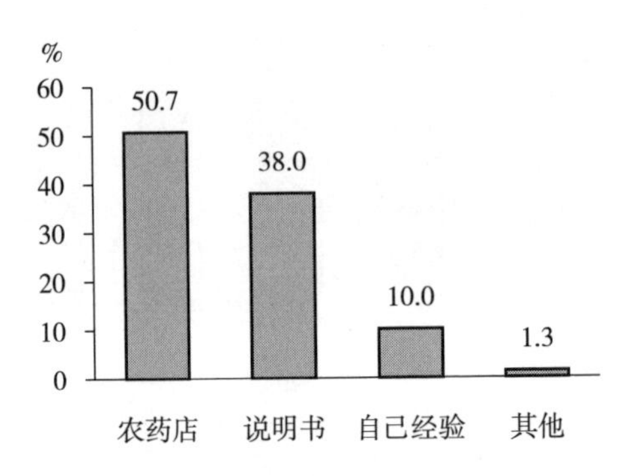

图 5.7　农民的农药施用量信息来源情况

4. 讨论

4.1　农药过量施用和不足施用的负面效应

农药过量施用和不足施用均有负面影响。大量研究已经表明，农药过量施用会使得农作物病虫草害对农药产生抗性（Pimentel 等，1992）、威胁农产品质量安全（Carvalho，2006）、损害农民和消费者健康（Crissman 等，1994；Huang 等，2001；Rola 和 Pingali，1993）以及污染农业生态环境（Hao 和 Yang，2013；Pimentel 等，1992）。

但是，农药不足施用的负面影响在以往文献中鲜有提及。除了会导致农作物单产降低以外（Pearce 和 Koundouri，2003；Popp 等，2013），部分农作物病虫草害防治中农药不足施用的其他负面影响少见报道。因为农作物病虫草害爆发不受地块边界的限制，所以某块地上防治某种病虫草害时农药不足施用，会加大临近地块的病虫草害防治压力。如以往研究所言，农药过量施用可能会对农业益虫和病虫草害天敌产生损害作用（Chukwudebe 等，1997；Hidrayani 等，2005）。但实际上需要强调的是，农药不足施用尽管不能起到有效防治农作物病虫草害的作用，但是其对农业益虫和病虫草害天敌的损害作用仍然存在。因此，农药不足施用仍然可能加剧农作物病虫草害的繁殖。除此以外，低剂量的农药施用仍然可能导致农作物病虫草害对农药的抗性（王杰，2011）。

4.2 农户知识匮乏对农药过量施用和不足施用的影响

中国农户在农业生产中的农药过量施用和不足施用并存的情况部分归因于农民缺乏足够的农药施用和管理知识。以往研究表明，农民的农药施用行为很大程度上受到其农药施用知识禀赋的影响（Chen 等，2013；Hou 等，2012）。

调查显示，高达 28.6% 的样本农户认为通过更多地施用农药一定会提高农作物单位面积产量水平。类似的片面乃至错误的认知会使得农户在农作物生产中不合理地提高农药施用量从而导致农药过量施用。例如，相当多的农户甚至选择施用大剂量的农药来防治部分偶发性的次要病虫草害，包括水稻大螟和玉米黏虫等（见图 5.1、图 5.2）。

此外，相当多的农户错误地认为，把两种或者更多种类的农药混在一起施用能够防止更多乃至绝大多数的农作物病虫草害（见表 5.2）。但是，错误地把不同种类农药混在一起施用很可能导致农药的过量施用或不足施用。总体而言，农户倾向于在单次农药施用中混用多种农药，但是往往一种农药就能够起到较好的病虫草害防治效果，而其他混用的农药是不必要的（见表 5.1）。与此同时，随意地把不同农药混在一起施用以及农民农药知识的缺乏会导致某些农作物病虫草害防治时的农药不足施用。如前所述，大量样本农户错误地把杀虫剂（例如，氯氰菊酯）当作杀菌剂，在实际调查中，类似的问题普遍存在（见表 5.2）。在这种条件下，错误的农药施用可能会导致部分病虫草害防治时的农药不足施用。

4.3 政府农业技术推广体系商业化改革的影响

中国的政府农业技术推广体系曾经在向农民提供及时的农作物病虫草害防治信息方面发挥了关键作用（胡瑞法等，2004）。但是，为了缓解庞大的政府农业技术推广体系给地方政府带来的财政压力，20 世纪 80 年代末开始的政府农业技术推广体系商业化改革允许基层农业技术推广机构和人员从事经营创收活动（Hu 等，2009；Huang 等，2001；王文玺，1994）。尽管商业化改革有效缓解了政府的财政压力，但是也导致了诸多负面影响。商业化改革后，基层农业技术推广人员将大量时间精力用于农药、化肥等农资产品的经营创收而非技术推广活动（Hu 等，2009；黄季焜等，2009）。本章研究表明，仅有约 3.3% 的样本农户从基层农业技术推广人员获取农药购买信息，这与以往研究的结果相一致（见图 5.2）。以往研究充分表明，在一段时期内，中国的基层农业技术推广服务远不能满足广大农户的技术服务需求（胡瑞法等，2004；李立秋等，2003）。

农药过量施用和不足施用也与政府农业技术推广体系的商业化改革有关。如上所述，农药店是农户获取农药购买和施用技术信息的最主要来源（见图 5.6、图 5.7）。2006 年之后，尽管基层农业技术推广机构和人员已经不再被允许从事农药等农资产品销售，但实际上这种情况并没有得到彻底改变。根据调查，相当多的农药店仍然是由基层农业技术推广人员及其亲属经营（胡瑞法等，2004；黄季焜等，2009）。大量研究发现，为了提高自身的经营利润，农药店在销售农药时会有意地误导农户购买更多的农药，或者向农户推荐的农药施用量超过相应的科学推荐剂量（Hu 等，2009；Huang 等，2001）。除此以外，农药店也经常向农户夸大农药（尤其是高利润农药）的防治效果和防治范围（Huang 等，2001）。由于防治部分农作物病虫草害的农药被夸大了防治效果和范围，从而使得农户在防治这些病虫草害时所施用的农药低于科学推荐剂量，进而导致农药不足施用的现象发生。

5. 结论与启示

为了定量研究中国农民在农业生产中存在的农药过量施用和不足施用行为，我们于 2012—2013 年对广东、江西和河北 3 个省的 246 户农户进行了随机抽样调查，并创造性地提出了指数量法来解决防治同一种农作物病虫草害的不同农药施用量难以简单加总的问题。研究结果表明，样本农户在防治部分水稻、玉米、小麦和棉花等农作物病虫草害时过量施用农药，而在防治另一部分农作物病虫草害时存在农药不足施用，农药不足施用和零施用现象非常普遍。

农户缺乏足够的农药施用知识以及病虫草害防治和农药施用技术信息过度集中地来自农药店可能是他们在病虫草害防治中农药过量施用和不足施用并存的主要原因。政府农业技术推广体系商业化改革及其遗留的负面影响也可能加剧了农药的过量施用和不足施用并存的局面。为了规范农户的农药施用行为以及减少农药施用量，政府应重建一个高效的病虫草害预测预报体系，为农民提供及时的农作物病虫草害爆发信息，进一步深化政府农业技术推广体系，改革从而为农民提供科学、有效和及时的病虫草害防治技术。

第6章　农民的农药错误施用行为[1]

1. 引言

农药施用对农业生产以及农产品供给的贡献得到广泛认可（Cooper和Dobson，2007）。在过去几十年间，大量化学农药被用于减少农业生产中病虫草害频繁爆发导致的产出损失（Popp等，2013）。从国际视角看，美国通过农药施用获得的经济回报大约为160亿美元（Pimentel等，1992）。也有研究表明，全世界通过农药施用挽回的粮食产量损失是粮食总产量的1/3(刘长江等,2002)。2015年，中国通过农药施用等方式挽回的粮食作物、油料作物和棉花产量损失分别高达9 360万吨、330万吨和120万吨，分别占当年各自总产量的15.1%、9.2%和21.1%（农业部，2016）。

但是近年来，大量文献分析了农药施用在生态、环境和人体健康等方面的负面影响（Zhang等，2015）。研究表明，大量化学农药的施用不仅严重损害了病虫草害天敌和农业益虫的繁衍，而且导致了病虫草害对农药的抗性（Pimentel等，1992）。除此以外，农药施用也是造成世界范围内，尤其是发展中国家和地区农业面源污染的重要原因（Sun等，2012）。除了上述负面影响之外，农药施用也通过农药暴露和食品农药残留等途径造

---

① 本章主要内容发表在Pest Management Science 2019年第75卷第8期。

成人体的健康损害（Eom，1994；Zhang 等，2018）。

中国是世界上最大的农药生产国和施用国，且中国农民在农业生产中被认为普遍存在农药过量施用行为（Zhang 等，2015）。根据估计，中国的单位耕地面积农药施用量是世界平均水平的 2.5~5 倍（邱德文，2011）。基于损害控制生产函数，部分实证研究认为中国农民在农作物生产中的实际农药施用量已经超过了经济意义上的农药最优施用水平（Huang 等，2001）。研究表明，在中国棉花、水稻和玉米生产中，农药的实际施用量分别是其最优施用量的 2.8 倍、2.3 倍和 1.2 倍（Zhang 等，2015），这与朱淀等（2014）的研究结果相一致。姜健等（2017）和李昊等（2017）也认为，中国农民在蔬菜和果树生产中也存在经济意义上的农药过量施用。

此外，中国农民不仅在农业生产中过量施用农药，也存在普遍的农药不足施用（Zhang 等，2015）。Zhang 等（2015）构建了指数量法，将防治同一种农作物病虫草害的不同农药施用量换算为其中一种农药（参照农药）的指数量，然后通过把防治该种病虫草害的多种农药的指数量加总，最后比较农药指数量与参照农药的科学推荐剂量。结果发现，中国农民在防治部分病虫草害时过量施用农药，而在防治另一部分病虫草害时施用的农药是不足的（Zhang 等，2015）。

除了上述农药过量施用和不足施用以外，农药的错误施用也屡被提及（Zhang 等，2015）。在以往文献中，农药错误施用尚无一致的定义（Afari-Sefa 等，2015；Khan 等，2010；Rother，2018）。在本章中，农药错误施用是指农民施用某种农药来防治的农作物病虫草害不在该种农药登记的可以防治的病虫草害范围之内。尽管少数文献也提到了中国农民在农业生产中存在农药错误施用（Zhang 等，2015；Gautam 等，2017；Huang 等，2003；Panuwet 等，2012），但是未能提供相应的定量证据。因此，中国农民的农药错误施用程度还不得而知，并且农药错误施用的驱动因素也有待进一步研究。

由于化学农药的大范围和高剂量施用造成了诸多严重的负面影响，中国政府正致力减少农业生产中的农药施用量，并分两步来实现这个目标。第一步是实现农药施用量的零增长，而第二步则是实现农药施用量的绝对下降。在这种背景下，科学、准确和全面地分析农民的农药施用行为及其驱动因素具有重要的政策意义。需要说明的是，中国农民普遍采用农药混用的方法来同时防治多种农作物病虫草害，因此仅用“过量”和“不足”这两个词并不能完整地刻画中国农民的农药施用行为特点。

本章首先根据 2016 年对 7 个省 2 293 户农户的入户调查数据分析中国农民是否错误施用农药，并估算农药错误施用的程度；然后讨论中国情境下农药错误施用的后果及驱动因素；最后简单地讨论相关政策措施。

2. 研究方法与数据

2.1 随机抽样

为了使得研究更具代表性，本章包括粮食作物和经济作物。具体而言，本章的目标农作物有 5 种，分别是水稻、苹果、茶叶、设施黄瓜和设施番茄。全部样本省份都位于相关农作物的主产区。具体而言，江苏、湖北、浙江、贵州和广东是水稻主产省，陕西和山东是苹果主产省，浙江、贵州和广东也是茶叶主产省，而山东也是设施蔬菜（黄瓜和番茄）主产省。本章采取随机抽样的方法选取样本农户。我们把每个样本省份的所有县划分为两组：人均国内生产总值较高的组和人均国内生产总值较低的组。然后，我们在每个组按照等距抽样原则选取 2 个县，因此每个省我们选取了 4 个县。采用类似的等距抽样方法，我们在每个样本县随机选取了 2 个乡，每个乡随机选取了 2 个村。部分乡镇不能抽取到 2 个村，因此在少数县我们多选取了一些乡镇。最终，本章的样本农户来自 28 个县的 62 个乡的 118 个村。

在每个样本村，我们随机选取了 20 户左右的农户。部分被选中的农户由于各种原因不能参加入户调查而未计入研究样本，最终共有 2 293 户农户。其中，1 223 户农户种植水稻，449 户农户种植苹果，602 户农户种植茶叶，139 户农户种植设施黄瓜，75 户农户种植设施番茄。上述 2 293 户农户中的 2 084 户农户在 2016 年农作物生产中施用了农药。在这 2 084 户农户中，包括 1 172 户水稻种植户、446 户苹果种植户、362 户茶叶种植户、139户设施黄瓜种植户和74户设施番茄种植户。

2.2 农户调查与数据

为了研究农户的农作物病虫草害防治和农药施用行为，我们对每个样本农户进行了面对面的入户问卷调查。为了保证数据准确性，每个调查员都接受了统一的调查技能培训。此外，我们只对每户农户的农作物病虫草害防治和农药施用的实际决策人进行问卷调查。

在问卷调查中，调查的主要内容包括被调查人的个人和家庭基本特征、农作物生产情况以及农药施用情况。但是，本章用到的数据主要是病虫草害防治和农药施用的详细信息。具体而言，本章使用了两部分数据，包括样本农户施用的每一种农药的化学名称、施用量和有效成分百分比，以及每一次农药施用防治的农作物病虫草害名称。

为了识别农户是否错误施用农药并估算农药错误施用的程度，本章从农业农村部农药检定所主管的中国农药信息网（http：//www.icama.org.cn/hysj/index.jhtml）上获取了每一种农药登记的病虫草害防治范围。

2.3 病虫草害防治观测的定义

根据入户调查，农户采用农药混用的方法来防治病虫草害非常普遍。换言之，农户经常在单次农药施用中施用不同种类的农药来防治一种以上的农作物病虫草害（Zhang等，2015）。为了分析用于防治每一种病虫草害的农药是否错误施用，本章把单次农药施用中的病虫草害种类分开，并引入“防治观测”的概念进行表述。例如，如果一户水稻种植户在单次农药施用中施用了4种农药（不妨假设为A、B、C和D）来防治两种水稻病虫草害（不放假设为P_1和P_2），并假设A、B和C被用来防治P_1，而仅有D被用来防治P_2，则把该次农药施用定义2个防治观测。因此，在每一次农药施用中，防治观测的个数也就等于农户希望防治的农作物病虫草害种数。

2.4 农药错误施用的判定

本章将防治观测分为两类。第一类防治观测中，农民可以清晰指出自己防治的病虫草害名称；在第二类防治观测中，农户并不知道自己防治的病虫草害名称。本章将农户不能说出名称的病虫草害界定为“未识别的病虫草害”。由于在第二类防治观测中我们无法进一步分析农药是正确还是错误施用。本章后续分析以第一类防治观测为基础。

第一类防治观测也存在 3 种不同的情况。第一种，农户可以清晰地说出农药名称，且其防治的病虫草害处在该农药登记的病虫草害防治范围之内。第二种，农户可以清晰地说出农药名称，但其防治的病虫草害并不在该农药登记的病虫草害防治范围，即农户施用的农药不能有效防治其希望防治的病虫草害。第三种，尽管农户能够说出其防治的病虫草害名称，但却不能说出其施用的农药名称，因此无法判定农药是正确还是错误施用。

如前所述，本章定义的农药错误施用是指农户防治的农作物病虫草害不在其施用农药所登记的病虫草害防治范围之内。但是，农户通常在单次农药施用中混用农药来防治一种以上的病虫草害（Zhang 等，2015）。因此，本章所指的农药错误施用实际上是定义在每个防治观测层面而非在每一种农药层面。为了准确论述本章判定农药错误施用的做法，这里举一个例子来辅助说明。不失一般性，假设一名农户在一次防治观测中施用了 3 种农药，分别记为 *A*、*B* 和 *C*。考虑到即使农户能说出防治的病虫草害名称，也会存在 3 种情况，即施用了正确的农药、施用了错误的农药以及不知道施用的农药名称等 3 种情况。因此，根据 3 种农药的组合可得到 10 种情境，如表 6.1 所示。为了进行比较，本章设定两套标准来判定每一个防治观测的农药是正确施用还是错误施用。

表 6.1 农药正确和错误施用的判定标准与规则

情境	农药 *A*	农药 *B*	农药 *C*	标准 I	标准 II
1	√	√	√	正确施用	正确施用
2	√	√	×	正确施用	错误施用
3	√	√	○	正确施用	无法确定

续表

情境	农药 A	农药 B	农药 C	标准 I	标准 II
4	√	×	×	正确施用	错误施用
5	√	×	○	正确施用	错误施用
6	√	○	○	正确施用	无法确定
7	×	×	×	错误施用	错误施用
8	×	×	○	无法确定	错误施用
9	×	○	○	无法确定	错误施用
10	○	○	○	无法确定	无法确定

注："√"、"×"和"○"分别代表农药是正确施用、错误施用和无法确定是正确施用还是错误施用。

标准Ⅰ：如果有 1 种及以上的农药是正确施用的，则定义为农药正确施用。如果至少 1 种农药是错误施用的且至少 1 种农药无法判定为正确施用与否，则定义为无法确定。如果 3 种农药均是错误施用的，则判定为农药错误施用。

标准Ⅱ：如果 3 种农药都是正确施用的，则定义为农药正确施用。如果至少 1 种农药无法确定为正确施用与否且没有农药是错误施用的，则定义为无法确定。如果至少 1 种农药是错误施用的，则判定为农药错误施用。

为了进一步分析农户在农业生产中的农药错误施用程度，本章通过如下式（6.1）来计算每一个防治观测中的农药错误施用率：

$$\text{农药错误施用率} = \text{错误施用的农药种数} / \text{全部农药种数} \tag{6.1}$$

因此，如果根据标准 I 判定某一次防治观测中农药施用错误，则相应的农药错误施用率必定是 100%。

3. 结果

3.1 农户的病虫草害防治观测基本情况

样本农户的病虫草害防治观测的基本情况如表 6.2 所示。总体而言，不同农作物的病虫草害防治观测数量存在较大差异。其中，水稻、苹果、茶叶、设施黄瓜和设施番茄的病虫草害防治观测分别为 9 393 个、5 932 个、1 715 个、2 512 个和 1 010 个（见表 6.2）。苹果和设施黄瓜、设施番茄平均每户的病虫草害防治观测均超过了 13 个（见表 6.2）。这一方面意味着苹果和设施黄瓜、设施番茄等经济作物的病虫草害爆发更加频繁，另一方面也表明农户更加重视高附加值经济作物的病虫草害防治。相比而言，水稻生产中平均每户的病虫草害防治观测为 8.01 个，低于苹果和设施黄瓜、设施番茄生产中的户均病虫草害防治观测样本数量（见表 6.2）。除此以外，茶叶生产中的病虫草害防治观测样本数量是最少的（见表 6.2）。

表 6.2　农作物病虫草害的防治观测数量分布　　单位：个

观测类型	农作物类型	虫害		病害		草害	未识别的病虫草害	总计
		主要	次要	主要	次要			
全部防治观测	水稻	3 241	364	1 789	386	1 537	2 076	9 393
	苹果	1 699	111	712	365	262	2783	5 932
	茶叶	450	68	0	28	532	637	1 715
	设施黄瓜	329	36	694	215	8	1230	2 512
	设施番茄	160	26	249	131	1	443	1 010
户均防治观测	水稻	2.77	0.31	1.53	0.33	1.31	1.77	8.01
	苹果	3.81	0.25	1.60	0.82	0.59	6.24	13.30
	茶叶	1.24	0.19	0.00	0.08	1.47	1.76	4.74
	设施黄瓜	2.37	0.26	4.99	1.55	0.06	8.85	18.07
	设施番茄	2.16	0.35	3.36	1.77	0.01	5.99	13.65

在大量病虫草害防治观测中，样本农户不能清晰说出其防治的病虫草害名称。调查发现，样本农户分别在 2 076 个水稻病虫草害防治观测、2 783 个苹果病虫草害防治观测、637 个茶叶病虫草害防治观测、1 230 个设施黄瓜病虫草害防治观测和 443 个设施番茄病虫草害防治观测中不能说出其防治的病虫草害名称（见表 6.2）。这表明，样本农户在病虫草害爆发方面的知识信息不足，与以往研究的结果相一致（Chen 等，2013；Zhang 等，2015）。这再次说明，农户在农业生产中防治农作物病虫草害时存在较大的农药错误施用风险。

3.2 农药错误施用

本章分析了样本农户在水稻、苹果、茶叶、设施黄瓜和设施番茄生产中的农药施用行为。由于根据两套标准判定和估算的农药错误施用情况高度一致，本章的分析主要根据标准 I 判定和估算的农药错误施用情况为基础。其中，根据标准 I 确定的农药施用行为的病虫草害防治观测分布如图 6.1~ 图 6.5 所示。

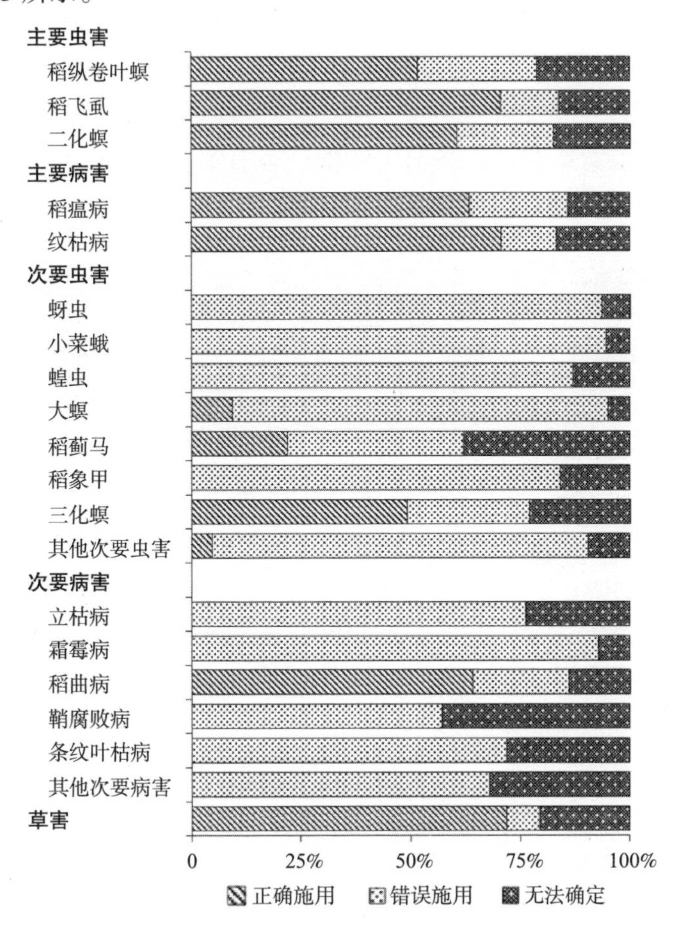

图 6.1 基于标准 I 的不同农药施用行为的防治观测比例（水稻）

总体而言，农药正确施用的防治观测在全部防治观测中占比并不高。研究表明，5 种农作物生产中农药正确施用的防治观测总数为 7 291 个，仅占全部 13 393 个防治观测的 54.4%。在全部 24 种主要病虫害中，仅 4 种主要病虫害的农药正确施用，防治观测占比超过了 75%。在其余的

20 种主要病虫害中，农药正确施用的防治观测占比均低于 71.8%（见图 6.1~ 图 6.5）。其中 11 种主要病虫害的农药正确施用防治观测占比甚至低于 50%。更有甚者，对农作物次要病虫害而言，农药正确施用的防治观测占比更低。如图 6.1、图 6.2 和图 6.5 所示，仅 4 种次要病虫害的农药正确施用防治观测占比超过了 50%。形成鲜明对比的是，32 种次要病虫害防治中不存在农药正确施用的防治观测（见图 6.1~ 图 6.5）。

草害的农药正确施用防治观测在不同农作物之间存在较大差异。在水稻和茶叶生产中，草害的农药正确施用防治观测占比分别为 71.8% 和 84%；相比而言，在苹果生产中，草害的农药正确施用防治观测占比为 32.1%，而设施黄瓜和设施番茄生产中草害的农药正确施用防治观测为零（见图 6.1~ 图 6.5）。

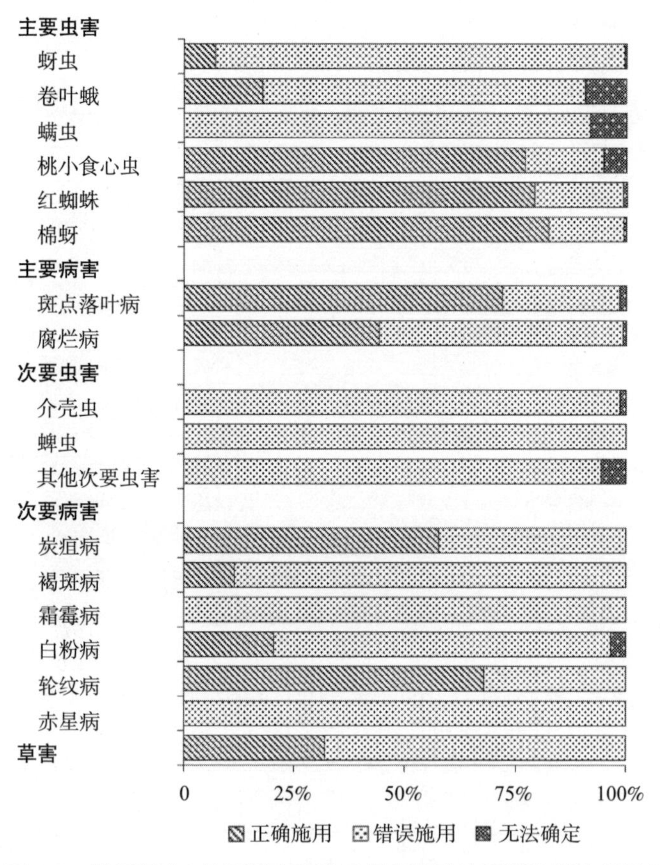

图 6.2 基于标准 I 的不同农药施用行为的防治观测比例（苹果）

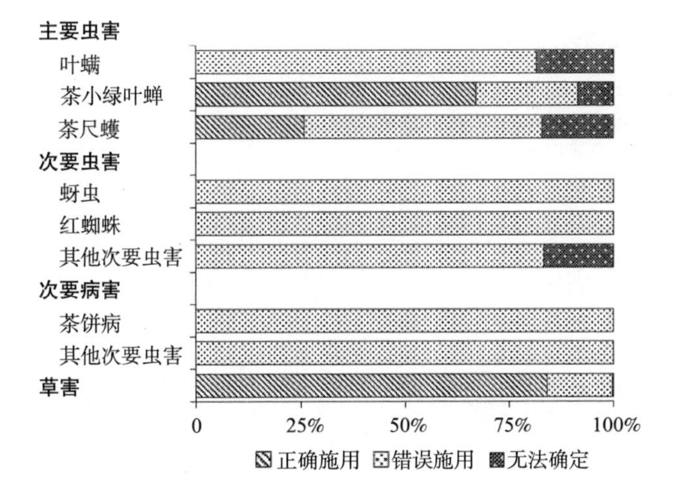

图 6.3 基于标准 I 的不同农药施用行为的防治观测比例（茶叶）

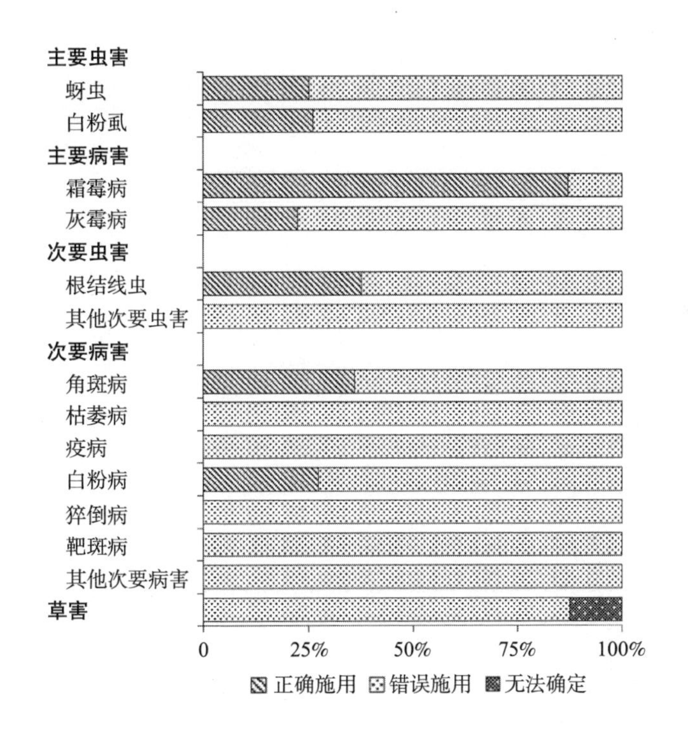

图 6.4 基于标准 I 的不同农药施用行为的防治观测比例（设施黄瓜）

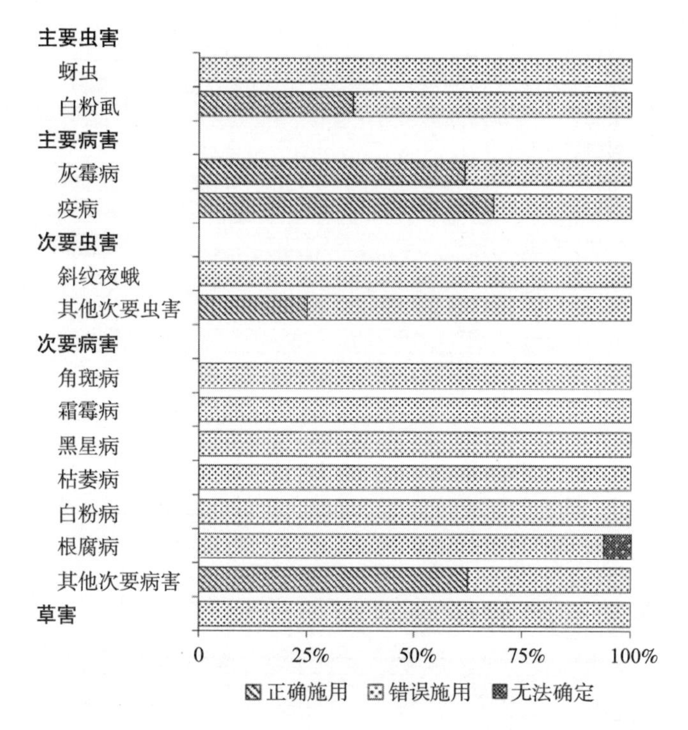

图 6.5　基于标准 I 的不同农药施用行为的防治观测比例（设施番茄）

与农药正确施用相比，农药错误施用更为普遍。总体而言，农药错误施用的防治观测数量为 4 669 个，占全部 13 393 个防治观测数量的 34.9%。但是，对于总共 71 种农作物病虫草害（34 种虫害、36 种病害和草害）而言，农药错误施用的程度因农作物而异（见图 6.1~ 图 6.5）。对于不同农作物而言，研究发现对于 11 种水稻病虫害、12 种苹果病虫草害、7 种茶叶病虫害、13 种设施黄瓜病虫草害和 11 种设施番茄病虫草害而言，农药错误施用的防治观测占各自全部防治观测的一半以上（见图 6.1~ 图 6.5）。在样本农户防治的所有 71 种农作物病虫草害中，有 21 种病虫草害的农药错误施用防治观测占比为 100%（见图 6.2~ 图 6.5）。这些病虫草害包括 3 种苹果病虫害、4 种茶叶病虫害、6 种设施黄瓜病虫害和 8 种设施番茄病虫草害，其中大部分都是次要病虫害（见图 6.2~ 图 6.5）。平均而言，次要病虫害农药错误施用的防治观测比例远高于主要病虫害农药错误施用的比例。在全部 9 323 个主要病虫害防治观测中，农药错误施用的防治观测占比为 32%；而在全部 1 730 个次要病虫害防治观测中，农药错误施用的防治观测占比则高达 76%。在全部 24 种主要病虫害中，有 11 种主要病虫害的农药错误施用防治观测占比超过 50%；而在全部 46 种次要病虫害中，有 40 个次要病虫害的农药错误施用防治观测占比超过 50%（见图 6.1 ~ 图 6.5）。

除了上述农药正确和错误施用以外，在部分防治观测中，农药正确或错误施用无法确定，主要是因为农户并不知道其防治的病虫草害名称。总体而言，在 13 393 个防治观测中，有 1 433 个防治观测无法确定农药是正确还是错误施用，占全部防治观测的比例为 10.7%。进一步而言，这些防治观测在每种农作物生产中都存在，但是占比具有一定差异。在水稻生产中，17.7% 的防治观测无法确定农药是正确还是错误施用，且无法确定的防治观测在不同病虫草害防治观测的占比在 4.8%~42.9% 之间变动（见图 6.1~ 图 6.5）。相比而言，在苹果和茶叶生产中，类似的防治观测相对更少，无法确定农药是正确还是错误施用的防治观测占比分别为 2.1% 和 6.5%。在设施黄瓜和设施番茄生产中，分别只有 1 个无法确定农药是正确还是错误施用的防治观测。

3.3 农药施用错误率

为了进一步阐述样本农户的农药错误施用程度，本章根据式（6.1）估算了每一次防治观测的农药错误施用率。图 6.6 展示了 5 种农作物生产中主要虫害、主要病害、次要虫害、次要病害和草害的平均农药错误施用率。研究发现，无论是总体上还是从不同农作物角度，主要病虫害的农药错误施用率均明显低于次要病虫害的农药错误施用率。就水稻生产而言，主要病虫害的农药错误施用率为 20% 左右，而次要病虫害的农药错误施用率在 60% 以上。在茶叶和设施番茄生产中，情况基本类似。值得注意的是，设施黄瓜生产中主要虫害的农药错误施用率为 78%，略微高于次要虫害的农药错误施用率。但是，在所有主要病虫害防治观测中，农药错误施用率低于所有次要病虫害防治观测中的农药错误施用率。

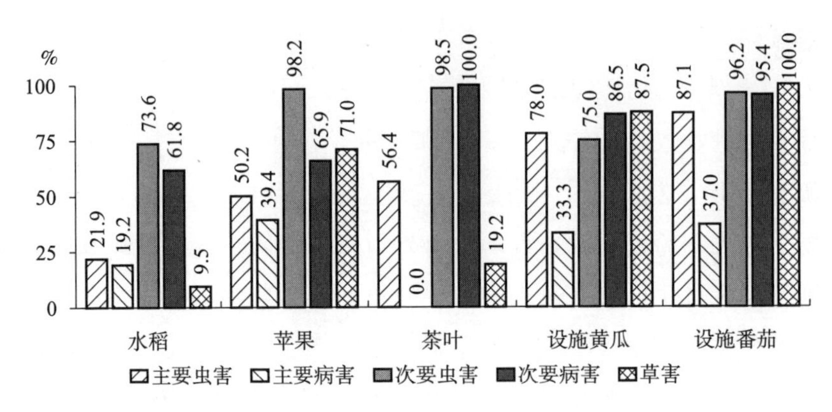

图 6.6　不同类型农作物病虫草害的农药错误施用率

平均而言，水稻生产中农药错误施用率低于其他 4 种经济作物生产中的农药错误施用率。在全部水稻生产中的 7 317 个防治观测中，农药平均错误施用率为 23.3%；而在 3 149 个苹果防治观测、1 078 个茶叶防治观测、1 282 个设施黄瓜防治观测和 567 个设施番茄防治观测中，农药平均错误施用率分别为 53.0%、41.8%、55.2% 和 67.5%。进一步而言，除了茶叶主要病害，水稻的每一类病虫草害的农药平均错误施用率也都低于其他 4 种经济作物相应类型病虫草害的农药平均错误施用率。对于主要虫害而言，设施黄瓜和设施番茄生产中的农药平均错误施用率分别为 78.0% 和 87.1%，比苹果和茶叶生产中的农药平均错误施用率分别高 23.6%、36.9%。除了水稻和茶叶，苹果、设施黄瓜和设施番茄主要病害的农药平均错误施用率没有明显差异（见图 6.6）。此外，苹果、茶叶和设施番茄次要虫害的农药平均错误施用率均在 95% 以上，比水稻和设施黄瓜次要虫害的农药平均错误施用率高 20% 以上。相比而言，水稻和苹果次要病害的农药平均错误施用率均略高于 60%，然而茶叶、设施黄瓜和设施番茄次要病害的农药平均错误施用率为 86.5%~100%。杂草的农药平均错误施用率在不同农作物之间存在明显差异，如图 6.6 所示。水稻和茶叶草害的农药平均错误施用率仅分别为 9.5% 和 19.2%，均远低于苹果、设施黄瓜和设施番茄的 71.0%、87.5% 和 100%。

4. 讨论

尽管农户在农业生产中的农药错误施用行为屡被提及，但是系统性研究却极其不足（Zhang 等，2015）。本章基于 2016 年对中国 7 个省 28 个县 2 293 户农户的入户调查数据定量研究了中国农户在水稻、苹果、茶叶和设施蔬菜生产中的农药错误施用。结果表明，中国农户在生产中存在着普遍的农药错误施用现象。其中，水稻生产中的农药错误施用概率相对低于苹果、茶叶和设施黄瓜、设施番茄经济作物生产中的农药错误施用概率。就不同类型病虫草害而言，主要病虫害的农药错误施用防治观测占比低于次要病虫害的农药错误施用防治观测占比。除此以外，部分农户不能说出其防治的病虫草害名称，或者不能说出其施用的农药名称。本部分内容首先讨论农药错误施用的后果，然后分析农药错误施用的驱动因素，最后讨论改善农户农药施用及深化改革农业技术推广体系的政策。

4.1 农药错误施用的后果

农药错误施用可能是导致农药过量施用和不足施用并存的关键原因，会对农业生态和环境造成严重破坏。以往文献对农药过量施用进行了大量研究，研究方向主要是农药过量施用程度测算、负外部性以及决定因素分析（Huang 等，2001；Zhang 等，2015；朱淀等，2014）。Zhang 等（2015）从病虫草害是否得到有效防治的角度对中国农户的农药施用行为进行了定量分析，研究发现中国农户在农业生产中存在非常普遍的农药过量施用和不足施用现象。对中国农户如此复杂的农药施用行为分析可能不应局限于经济学范畴内。在这种条件下，本章认为农药错误施用可能是导致农药过量施用和不足施用普遍并存的关键原因。这个逻辑的起点是农药错误施用会使得防治部分病虫草害的农药不足，从而导致病虫草害防治效果下降甚至完全失效。病虫草害防治效果的下降或失效会反过来加速病虫草害繁殖和传播，从而加大了进一步防治的难度（Zhang 等，2015）。作为补救措施，农户不得不施用更高频次和更大剂量的农药来防治病虫草害，从而最终导致严重的农药过量施用。除此以外，错误施用的农药仍然会对农业益虫和病虫草害天敌造成损伤，这从另一个角度促进了农作物病虫草害繁殖，也会提高农药过量施用的概率。

4.2 农药错误施用的驱动因素

中国农户错误施用农药的驱动因素是多方面的。归结起来，主要是农户自身的病虫草害防治和农药施用知识不足、政府农业技术推广服务不到位、农药店的信息误导和病虫草害预测预报缺失。

在上述因素中，农户自身的病虫草害防治和农药施用的知识不足是农药错误施用的最根本原因。为了测试农户的病虫草害防治和农药施用知识水平，我们设计了5道简单的测试题（见表6.3）。这5道题是在全国农业技术推广服务中心专家和部分基层农业技术推广人员的建议基础上设计出来的。需要说明的是，这5道题均与农户是否能够在农业生产中正确施用农药直接相关。换言之，能否正确回答这5道题是农户能否正确施用农药的基础。在农业技术推广实践中，基层农业技术培训内容已经涵盖了这5道题的相关知识。总体而言，2 293户农户的平均测试得分为2.1分，64.4%的农户得分不高于2分，而11.3%的农户得分为零（见图6.7）。例如，1 408户农户错误地认为氯氰菊酯是杀菌剂，占全部农户的61.4%。1 648户农户错误地认为杀螨剂能够有效防治螟虫，占全部农户的71.2%。因此，绝大多数农户缺乏有关病虫草害防治和农药施用的基本知识。在这种条件下，农户在农作物生产中错误施用农药并不令人意外。

表6.3 农户病虫草害防治和农药知识测试

题号	问题	正确答案占比/%	错误答案占比/%
1	氯氰菊酯是杀菌剂	38.6	61.4
2	杀螨剂可以有效防治螟虫	28.8	71.2
3	甲胺磷是广谱性杀虫剂，目前已被禁止生产和销售	67.6	32.4
4	草甘膦是广谱性、低毒性除草剂	65.5	34.5
5	杀菌剂的毒性一定比杀虫剂要低	12.3	87.7

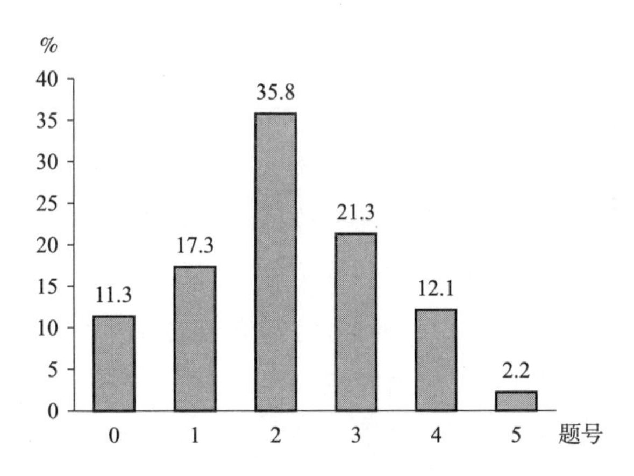

图 6.7　农户病虫草害防治和农药知识测试得分的分布

政府农业技术推广服务不到位也可能导致农户的农药错误施用。大量研究表明，20 世纪 80 年代末的政府农业技术推广体系商业化改革严重弱化了其技术推广服务职能（胡瑞法等，2004；Hu 等，2009，2012；胡瑞法、孙艺夺，2018），从而导致了农药的过量、不足和错误施用。尽管 2004 年以来新一轮政府农业技术推广体系改革取得了一些积极成效，但是农业技术推广行政化和激励机制的缺失仍然严重限制了政府农业技术推广体系的作用（胡瑞法、孙艺夺，2018；孙生阳等，2018）。如图 6.8 所示，仅有 16.6% 的样本农户从政府农业技术推广机构获得病虫草害防治知识。

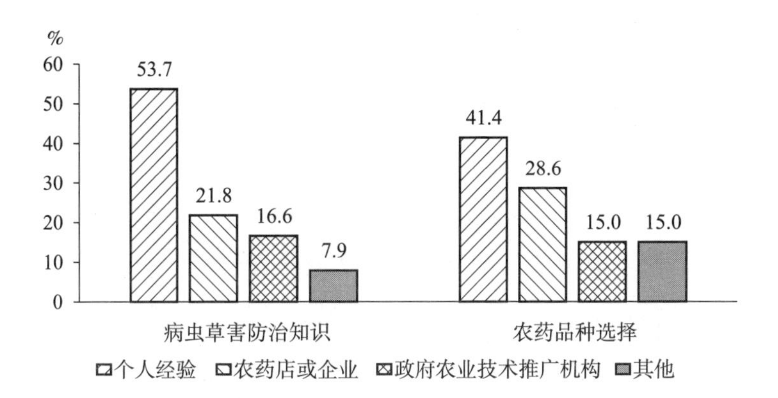

图 6.8　农户的病虫草害防治知识和农药品种选择的信息来源

农户的农药错误施用也可能归因于信息误导。由于难以获得高质量的政府农业技术推广服务，农药店和企业成为农户获取病虫草害防治和农药施用知识的主要渠道之一（胡瑞法、孙艺夺，2018；Jin 等，2015）。在 2 293 个样本农户中，21.8% 的农户的病虫草害防治技术信息来自农药店和企业（见图 6.8）。尤其需要说明的是，28.6% 的样本农户依赖农药店和企业提供的技术信息来进行农药品种选择决策。在信息不对称条件下，农药店和企业可能会向农民提供误导性信息，比如，向农民推荐高利润率的农药品种（Jin 等，2015）。这种选择性的农药品种推荐行为将很可能导致农民在防治病虫草害时错误施用农药。

病虫草害预测预报服务的缺失也是导致中国农户错误施用农药的原因之一。本研究调查发现，部分样本农户不能说出其防治的病虫草害名称，甚至不知道其所施用的农药名称，这再次说明农户缺乏基本的病虫害防治和农药施用知识。需要说明的是，农户缺乏相关知识可能和病虫草害预测预报服务存在密切关系。研究表明，在中国，一半以上的县级农业技术推广部门缺乏病虫草害防治的预测预报能力，且 80% 以上的县级农业技术推广部门未将病虫草害预测预报列入工作计划或安排（胡瑞法、孙艺夺，2018）。因此，农户由于难以获取及时、准确的病虫草害发生信息而不得不根据自身个人经验或者农药店和企业的推荐来进行农药施用决策，这很有可能会增加农民错误施用农药的概率。

4.3 农业技术推广体系改革的方向

减少农户错误施用农药的关键是建立农业社会化服务体系和实施适应于不同类型农户特点和需求的新型农业技术推广模式。大量研究已经表明，以往“自上而下”的政府农业技术推广活动导致病虫草害防治技术信息的供给和需求脱节（胡瑞法等，2004；Hu 等，2009）。在中国农户差异化趋势日益加强的背景下，单一的政府农业技术推广体系以及落后的农业技术推广模式难以满足广大农户对病虫草害防治和农药施用技术信息的需求。过去 10 年间，农业社会化服务体系不断快速发展（孔祥智等，2009）。例如，农业合作组织、农药店和网络媒体等在农业技术推广方面扮演了日益重要的角色（孔祥智等，2009）。除此以外，农户需求型农业技术推广模式、农民田间学校和科学小院等部分新型农业技术推广模式的实施在部分地区已经取得了明显成效（Hu 等，2012；Guo 等，2015；Zhang 等，2016）。因此，中国政府应继续完善有利于农业社会化服务组织发展以及鼓励适用于不同类型农户特点和需求的新型农业技术推广模式应用的农业政策体系。

5. 结论

本章使用 2016 年 2 293 户农户调查数据定量分析了水稻、苹果、茶叶和设施黄瓜、设施番茄等农作物生产中的农药错误施用，并结合以往文献和调查数据进一步分析了农药错误施用的后果及驱动因素。研究结果表明，中国农户在农业生产中存在普遍的农药错误施用现象。相比苹果、茶叶和设施黄瓜、设施番茄，水稻生产中的农药错误施用要少一些。除此以外，防治主要病虫害的农药错误施用观测占比相比防治次要病虫害的农药错误施用观测占比要更少一些。部分农户甚至不能准确地说出其防治的病虫草害名称，或者不能说出其施用的农药名称。

值得注意的是，农药错误施用可能会导致农药过量施用和不足施用。由于农药错误施用，部分病虫草害得不到有效防治，这将进一步使得这些未被有效防治的病虫草害加速繁殖和传播。除此以外，错误施用的农药尽管使得目标病虫草害的防治效果下降，但是其仍然会对农业益虫和病虫草害天敌造成极大损伤。作为补救措施，农户需要施用更多的农药，从而最终导致农药过量施用。

中国农户农药错误施用的驱动因素分为四个方面：农户自身农作物病虫草害防治知识不足，农户难以获得政府农业技术推广服务，农药店的误导性信息以及农作物病虫草害预测预报的缺失。因此，本章提出政府应促进农业社会化技术推广服务体系发展、创新和实施适应于不同类型农户的农业技术推广新模式，以及改善相关的政策体系等。

第三篇
农药施用对农民的健康影响

第 7 章　农药施用（暴露）对人体健康影响的文献计量分析[①]

1. 引言

长期以来，农药施用有效地降低了由病虫害导致的农作物产量损失，产生了较大的经济效益（Copper 和 Dobson，2007；Popp 等，2013；Verger 和 Boobis，2013）。与此同时，大范围、大剂量（Huang 等，2001）的农药施用也导致了诸多的负外部性（Carvalho，2006；Skevas 等，2013；Snelder 等，2008）。其中，农药暴露对农药施用者健康的负面影响逐渐引起广泛关注（Antle 和 Pingali，1994；Hu 等，2015；Qiao 等，2012）。据统计，全球每分钟就有 2~3 人因农药而中毒，每年有 2 万多名农业劳动者因农药中毒而死亡，主要集中在发展中国家（Kishi 等，1995）。美国每年在 10 万名劳动者中就有 18 例和农药相关的疾病发生（Calvert 等，2004）。同时大量研究也表明，农药施用导致的农药暴露不仅会增加急性农药中毒风险，而且会对人体的健康产生慢性和长期的损害（Alavanja 等，2003；Hu 等，2015；Kamel 和 Hoppin，2004）。

全面准确地分析农药暴露对人体健康的损害，可以为有效规范农民的

① 本章主要内容发表在《农药学学报》2016 年第 18 卷第 1 期。

农药施用行为、减少农药施用量和农药暴露时间及程度、改善人体健康状况提供数据支持。在过去几十年间，国内外研究人员围绕农药暴露的健康损害进行了大量研究，这使得农药暴露的健康损害研究逐渐发展成一个跨领域、跨学科的重要研究课题。采用文献计量学方法全面系统地回顾和总结已有研究成果的现状、特点和趋势，可以为更深入开展农药暴露对人体健康损害的研究工作提供参考和依据。本章以可检索到的农药暴露对健康损害的研究论文为样本，对这些论文的时空与期刊分布、研究力量与被引频次以及研究方法与领域等进行文献计量分析和总结，并比较国内外关于该课题研究的差异。

2. 文献来源

本研究所采用的研究论文包括英文和中文论文，其中：英文论文来源于 Web of Science 检索平台中的 Science Citation Index Expanded（SCIE）和 Social Sciences Citation Index（SSCI）网络数据库，主题检索式为"TS=((pesticide* OR insecticide* OR fungicide* OR bactericide* OR herbicide*) AND (use OR usage* OR application* OR apply* OR spray* OR exposure*) AND ((health impairment*) OR (health AND damage*) OR (harm AND health) OR illness* OR ill* OR (health AND injur*))"，文献语言为 English，文献类型为 Article，检索时间跨度为所有年份；中文论文来源于中国学术期刊网络数据总库（中国知网，CNKI），主题检索式为"SU=('农药'+'杀虫剂'+'杀菌剂'+'除草剂')*('施用'+'使用'+'喷洒'+'暴露')*('健康'+'损害'+'病')"，并把检索范围限制为核心期刊，检索时间跨度不限。需要说明的是，为了保证检索到的研究论文的学术水准，本研究仅考虑 SCIE、SSCI 检索和中文核心期刊发表的论文。上述检索日期为 2015 年 7 月 18 日。根据上述检索式共检索到 2 948 篇英文论文和 1 786 篇中文论文，经过进一步识别、筛选并剔除不相关论文后，最终获得 481 篇英文论文和 46 篇中文论文构成有效研究样本。将上述 527 篇中英文论文的标题、发表年份、目标研究区域、发文期刊、研究机构、资助机构、作者、被引频次、研究类型、研究方法、研究领域以及关键词等关键数据和信息导入 Excel 构建文献信息数据库。

3. 论文的时空与期刊分布

3.1 论文发表的年度变化

1972 年，*Nature* 刊登了农药暴露对人体健康损害的研究论文《职业有机氯农药暴露对肝微粒体酶活性的影响》（Huner 等，1972），此后直到 1992 年，公开发表在 SCIE 和 SSCI 期刊上的相关论文仅为 17 篇，年均不到 1 篇，表明农药暴露引发的中毒事件及对健康的损害在那段时期尚未引发广泛关注。1993 年以后，关于农药暴露对人体健康损害的中英文研究论文数量总体呈现上升趋势（见图 7.1）。其中，英文论文数量在 1993 年首次达到 5 篇，2004 年首次达到 21 篇，此后基本保持在 20 篇以上（2010 年除外）; 2014 年迅速增加至 61 篇，几乎为 2004 年的 3 倍。表明此时农药暴露对人体健康的损害已受到高度关注，并成为热点研究课题（Hu 等，2015）。最早发表的中文论文出现在 1992 年，与英文论文形成鲜明对比的是，历年中文论文数量却一直保持在个位数，远少于英文论文数量。

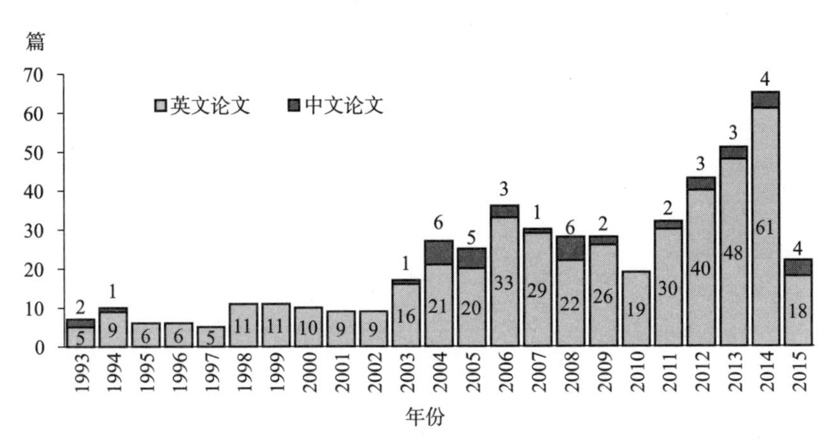

图 7.1　1993—2015 年发表在 SCIE/SSCI 和中文核心期刊的农药暴露对健康影响的论文数量

3.2 主要目标研究区域

美国等发达国家是主要目标研究区域（见表 7.1）。其中：157 篇英文论文以美国为目标研究区域，占英文论文数量的 32.6%；其次，以法国、加拿大和西班牙为目标研究区域的论文分别为 29、23 和 23 篇，分别占 6.0%、4.8% 和 4.8%；以中国为目标研究区域的英文论文数量为 23 篇，中国是在英文论文中作为目标研究区域最多的发展中国家，但与美国相比存在巨大差距；英文论文数量超过 10 篇的还包括以巴西、墨西哥、意大利、丹麦、荷兰以及英国为目标研究区域。相比而言，以非洲国家为目标研究区域的论文很少。

表 7.1　农药暴露对健康影响 SCIE /SSCI 论文的主要目标研究区域

目标研究区域	文献数量	占比 /%	目标研究区域	文献数量	占比 /%
美国	157	32.6	印度	7	1.5
法国	29	6.0	阿根廷	6	1.2
加拿大	23	4.8	德国	6	1.2
中国	23	4.8	菲律宾	6	1.2
西班牙	23	4.8	瑞典	6	1.2
巴西	14	2.9	泰国	6	1.2
墨西哥	14	2.9	土耳其	6	1.2
意大利	13	2.7	哥斯达黎加	5	1.0
丹麦	12	2.5	厄瓜多尔	5	1.0
荷兰	11	2.3	日本	5	1.0
英国	11	2.3	波兰	5	1.0
澳大利亚	7	1.5	南非	5	1.0
希腊	7	1.5	斯里兰卡	5	1.0

3.3 主要发文期刊

农药暴露对健康损害的英文论文主要发表在发达国家的期刊上，但不同期刊发表论文的数量差别较大（见表 7.2）。1972—2015 年，481 篇英文论文发表在了158种国际学术期刊上，而发文量大于等于5篇的期刊仅有27种，有多达90种期刊只发表了1篇论文。3种中文核心期刊分别发表10篇、4篇、3篇。其中，发文量最多的是*Environmental Health Perspectives*，高达39篇；其次，*Occupational and Environmental Medicine*和*American Journal of Epidemiology*分别发表25篇和23篇。在9种发文量较多的英文期刊中，美国占5种，英国、荷兰、芬兰和瑞士各占1种。《中国公共卫生》是发文数量最多的中文期刊。

表7.2 农药暴露对健康影响论文的主要SCIE/SSCI和中文核心期刊

期刊	论文篇数	出版地
Environmental Health Perspectives	39	美国
Occupational and Environmental Medicine	25	英国
American Journal of Epidemiology	23	美国
Environmental Research	19	美国
NeuroToxicology	14	荷兰
Journal of Occupational and Environmental Medicine	12	美国
Scandinavian Journal of Work, Environment and Health	12	芬兰
American Journal of Industrial Medicine	11	美国
International Journal of Cancer	10	瑞士
《中国公共卫生》	10	中国
《环境与职业医学》	4	中国
《环境与健康杂志》	3	中国

4. 研究力量与被引频次

4.1 主要研究和资助机构

从事农药暴露对健康损害研究的研究机构主要来自发达国家，而美国处于主导地位。总体而言，481篇英文论文的研究机构共有671家，其中第一研究机构为254家；46篇中文论文的研究机构共有40家，其中第一研究机构为 24 家。但是，英文发文量大于等于 5 篇的仅 56 家，占所有研究机构的 8.3%，而仅发表 1 篇英文论文的研究机构多达 449 家，占比高达 74.4%。相比而言，中国研究机构的发文量远低于发达国家，其中，中英文论文总数大于等于 5 篇的仅为 7 家。

农药暴露对人体健康损害研究论文的主要研究机构情况如表 7.3 所示。发文量大于等于 15 篇的研究机构仅有 5 家，其中美国 4 家，西班牙 1 家，而以美国国立卫生研究院发表论文数量最多，达 61 篇，仅略低于排在第 2 位的美国加利福尼亚大学（35 篇）和第 3 位的美国疾病预防控制中心（31 篇）论文数量的总和。与之形成鲜明对比的是，包括中国在内的所有发展中国家的研究机构的发文量均未超过 10 篇。

表 7.3　农药暴露对健康影响的 SCIE/SSCI 和中文核心期刊论文的主要研究机构

研究机构	论文数量 / 篇
美国国立卫生研究院	61
美国加利福尼亚大学	35
美国疾病预防控制中心	31
美国爱荷华州立大学	18
西班牙格拉纳达大学	17
中国上海交通大学	8（1）
中国华中科技大学	7（6）
中国江苏省常州市疾病预防控制中心	7（6）
中国南京医科大学	7（6）

注：括号外为中英文论文总数，括号内为中文论文数。

其中，围绕农药暴露对人体健康影响的论文主要第一研究机构情况如表 7.4 所示。发文量大于等于 10 篇的第一研究机构全部来自于美国，分别为美国国立卫生研究院、美国加利福尼亚大学以及美国北卡罗来纳大学。在中国，上海交通大学是发展中国家发文量最多的第一研究机构，共发表了 7 篇研究论文，其中 6 篇为英文论文；其次，华中科技大学和江苏省常州市疾病预防控制中心，分别发表了 6 篇中文论文。

表 7.4 农药暴露对健康影响的 SCIE/SSCI 和中文核心期刊论文的主要第一研究机构

第一研究机构	论文数量 / 篇
美国国立卫生研究院	31
美国加利福尼亚大学	24
美国北卡罗来纳大学	11
中国上海交通大学	7（1）
中国华中科技大学	6（6）
中国江苏省常州市疾病预防控制中心	6（6）

注：括号外为中英文论文总数，括号内为中文论文数。

农药暴露对人体健康损害研究的 SCIE/SSCI 和中文核心期刊论文的主要资助机构情况如表 7.5 所示。可以看出，在农药暴露对人体健康损害研究的所有资助机构中，美国、法国等发达国家机构仍处于主导地位。367 家资助机构对 481 篇英文论文的研究和发表提供了资金资助，而 46 篇中文论文的资助机构为 27 家，但资助英文论文数大于等于 10 篇和中文论文数大于等于 5 篇的机构均分别只有 5 家。美国国立卫生研究院资助的论文数量为 127 篇，比排在第 2 位的美国环境保护局和排在第 3 位的美国疾病预防控制中心多 95 篇和 101 篇，成为核心资助机构；同时，只有上述 3 家机构资助的论文数量分别超过了 20 篇。但是，没有任何 1 家发展中国家机构资助的英文论文在 20 篇以上。中国国家自然科学基金委员会资助论文总数为 20 篇，其中 9 篇为中文论文。

表 7.5 农药暴露对健康影响的 SCIE/SSCI 和中文核心期刊论文的主要资助机构

基金资助机构	论文数量 / 篇
美国国立卫生研究院	127
美国环境保护局	32
美国疾病预防控制中心	26
欧盟	17
法国国家卫生与医学研究所	11
中国国家自然科学基金委员会	20（9）
中国科学技术部	6（0）

续表

基金资助机构	论文数量 / 篇
中国河北省科技厅	5（5）
中国江苏省常州市科技局	5（5）
中国江苏省科技厅	5（5）

注：括号外为中英文论文总数，括号内为中文论文数。

4.2 主要作者

研究农药暴露对健康损害的作者众多，但高产作者较少。发表上述527篇中英文论文的作者共有2 098位，其中，英文论文作者（含中国作者）1 981位，中文论文作者126位，每篇论文平均作者数量约为4位，有1 592位作者分别仅参与发表了1篇论文。发文量大于等于20篇的高产作者仅有5位（见图7.2）。Alavanja发表的论文最多，达到31篇，其次是Hoppin和Blair，分别为30篇和29篇（见图7.2）。

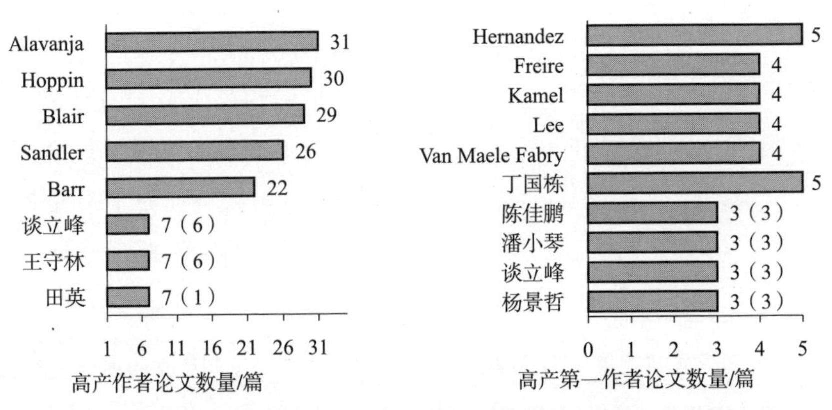

图 7.2　农药暴露对健康影响的 SCIE/SSCI 和中文核心期刊论文的高产作者

注：条形图旁的数字为中英文论文总数，括号内为中文论文数。

对第一作者进行的统计显示，Hernandez和丁国栋作为第一作者均发表了5篇英文论文；其次是Freire、Kamel、Lee和Van Maele Fabry，均发表4篇英文论文；4位中国作者作为第一作者分别发表了3篇中文论文。对第一作者和不考虑排序的作者统计结果差别较大，在发文量大于等于20篇的高产作者中无一作为第一作者的发文量大于等于3篇。

4.3 被引频次

总被引频次大于等于 150 次或年均被引频次大于等于 15 次的英文论文，以及总被引频次大于等于 20 次或年均被引频次大于等于 2.5 次的中文论文被定义为高被引论文。据此，在上述 527 篇中英文论文中仅有 12 篇英文论文和 6 篇中文论文为高被引论文（见表 7.6）。其中，Environmental Health Perspectives 成为发表高被引论文最多的期刊。481 篇英文论文的平均总被引频次为 27 次，年均被引频次为 2.7 次。Gorell 于 1998 年在 Neurology 第 50 卷第 5 期发表的论文总被引频次最高，达 395 次；而 Bouchard 于 2011 年发表在 Environmental Health Perspectives 第 119 卷第 8 期上的论文年均被引频次最高，达 24.80 次。相比英文论文，中文论文的影响存在明显差距，46 篇中文论文的平均总引用频次和年均被引频次分别仅为 8 次和 0.97 次。从发表时间来看，9 篇高被引英文论文和所有 6 篇高被引中文论文均发表在 2000 年及以后，发表在 2000 年之前的仅有 3 篇英文论文。

表 7.6 农药暴露对健康影响的 SCIE/SSCI 和中文核心期刊的高被引论文

年份	第一作者	期刊	卷	期	总被引频次	年均被引频次
1998	Gorell	Neurology	50	5	395	21.94
1992	Semchuk	Neurology	42	7	278	11.58
2004	Kamel	Environmental Health Perspectives	112	9	222	18.50
1990	Brown	Cancer Research	50	20	219	8.42
2007	Eskenazi	Environmental Health Perspectives	115	5	217	24.11
2004	Whyatt	Environmental Health Perspectives	112	10	212	17.67
2004	Eskenazi	Environmental Health Perspectives	112	10	188	15.67
2006	Ascherio	Annals of Neurology	60	2	168	16.80
2003	Alavanja	American Journal of Epidemiology	157	9	166	12.77
2000	Priyadarshi	NeuroToxicology	21	4	163	10.19
2011	Bouchard	Environmental Health Perspectives	119	8	124	24.80
2011	Rauh	Environmental Health Perspectives	119	8	96	19.20

续表

年份	第一作者	期刊	卷	期	总被引频次	年均被引频次
2004	高仁君	农药学学报	6	3	63	5.25
2008	常娜	华北煤炭医学院学报	10	2	28	3.50
2006	杨志清	中国农学通报	22	1	27	2.70
2008	仇小强	中国公共卫生	24	5	23	2.88
2008	姚新民	环境与职业医学	25	4	21	2.63
2012	陈晓雯	卫生软科学	26	6	19	4.75

5. 研究类型、方法、领域与热点

5.1　主要研究类型

病例对照研究、队列研究和横截面研究是研究农药暴露对健康损害的3种最主要研究类型。527篇中英文论文的统计结果（见图7.3）显示，采用病例对照研究的论文数量为148篇，占527篇论文的比例为28.1%，比横截面研究和队列研究的论文数量分别多出10篇和31篇；后两者占527篇论文的比例分别为26.2%和22.2%。

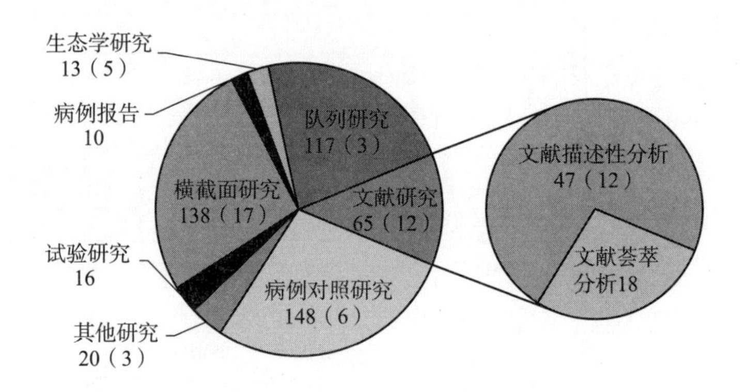

图7.3　农药暴露对健康影响的SCIE/SSCI和中文核心期刊论文的研究类型

注：括号外为中英文论文总数，括号内为中文论文数。

除上述 3 种最主要的研究类型之外，文献研究也是比较重要的一种研究类型，相关论文共有 65 篇（见图 7.3）。其中，文献的描述性分析论文为 47 篇，而文献荟萃分析论文 18 篇；此外，部分论文采用了试验研究（16 篇）、病例报告（10 篇）、生态学研究（13 篇）以及其他研究（20 篇）类型。

需要说明的是，在 481 篇英文论文中，病例对照研究、队列研究和横截面研究的论文数量均超过了剩余其他研究类型的英文论文数量之和（见图 7.3）。然而，对于中文论文而言，横截面研究和文献研究所占比例远超过其他研究类型，而且中文论文的文献研究全部是描述性分析，而并非荟萃分析等定量方法（见图 7.3）。这从一个侧面说明，国内在农药暴露对健康研究方面的研究水平与发达国家还存在较大差距，单一的研究设计以及有限的研究方法选择成为限制国内该方面研究取得较多高水平论文的主要因素。

5.2 主要研究方法

Logistic 回归和线性回归是农药暴露对健康损害的论文中采用最多的研究方法。本研究对病例对照研究、队列研究以及横截面研究的定量方法进行了总结。绝大部分研究论文同时采用了多种定量分析方法，但是本研究只统计其中直接分析农药暴露对健康损害时采用的定量方法。结果显示，Logistic 回归在 195 篇研究论文中得到采用，同时也在病例对照研究中采用最多，共有 131 篇病例对照研究论文采用了 Logistic 回归；相比而言，队列研究和横截面研究采用 Logistic 回归方法较少，相关论文数量分别为 29 篇和 35 篇，分别仅相当于病例对照研究论文数量的 22.1% 和 26.7%（见图 7.4）。线性回归分别在 7 篇病例对照研究论文、50 篇队列研究论文以及 47 篇横截面研究论文中得到应用。除上述两种最主要的定量研究方法之外，Poisson 回归在 10 篇队列研究论文和 1 篇横截面研究论文中也得到应用（见图 7.4）。此外，学生 t 检验仅被 19 篇横截面研究论文采用（见图 7.4）。相比 Logistic 回归和线性回归，学生 t 检验在横截面研究论文中的应用较少。

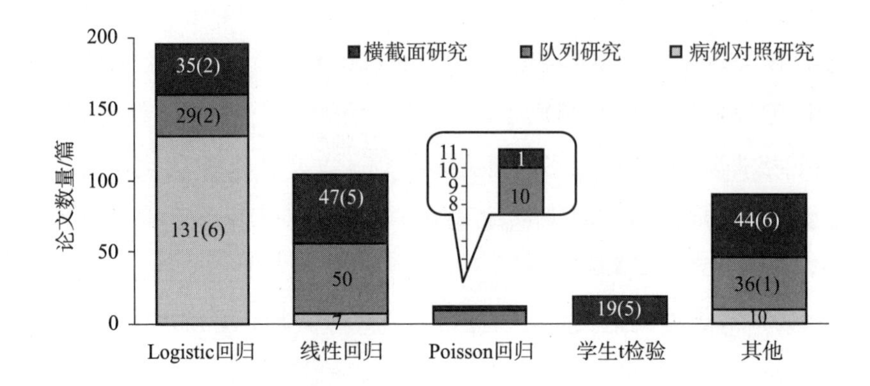

图 7.4　农药暴露对健康影响的 SCIE/SSCI 和中文核心期刊论文的研究方法

注：括号外为中英文论文总数，括号内为中文论文数。

5.3　主要研究领域

关于农药暴露对健康损害的研究论文几乎涉及人体的各个系统，其中农药对人体神经系统、生殖系统和循环系统的影响是 3 个最主要的研究领域，同时农药暴露与癌症和死亡的关系也受到了较为广泛的关注。除 47 篇文献描述性论文外，本研究对提出明确结论的 480 篇中英文论文涉及的研究领域进行了归纳。农药暴露的神经毒性是最主要的研究领域之一。本研究统计结果（见图 7.5）显示，共有 123 篇论文分析了农药暴露与周围神经传导障碍、认知障碍、智能障碍、帕金森病等神经功能障碍和疾病之间的关系。第 2 个研究领域是农药暴露的生殖毒性，共有 105 篇论文（其中，英文论文 88 篇，中文论文 17 篇）分析了农药暴露对于人体生殖器官、胎儿发育和成长、生殖激素和生殖功能的损害效应（见图 7.5）。第 3 个研究领域是农药暴露对人体心血管、血液和淋巴等循环系统损害的研究，相关研究论文共计 96 篇（见图 7.5）。

除上述 3 个最主要的研究领域外，农药暴露对消化系统、呼吸系统、内分泌系统以及泌尿系统的损害效应也得到了一定程度的关注，相关论文数量依次为 45 篇、36 篇、17 篇和 15 篇（见图 7.5）。需要说明的是，部分论文并未明确地把农药暴露对人体某个特定系统或器官的损害作为研究对象。例如，28 篇论文从细胞层面上分析了农药暴露对人体基因的损害；

分析农药暴露对胆碱酯酶活性影响的论文也较多（见图 7.5）。农药暴露是否会导致人体患癌症或者导致人体死亡，也受到了较多论文的关注。在 480 篇中英文论文中，有 151 篇论文分析了急性或慢性农药暴露对人体患癌症和死亡风险的影响（见图 7.5），其中淋巴癌和白血病是最受关注的两类癌症。此外，部分论文同时研究了农药暴露对人体多个系统的损害效应。

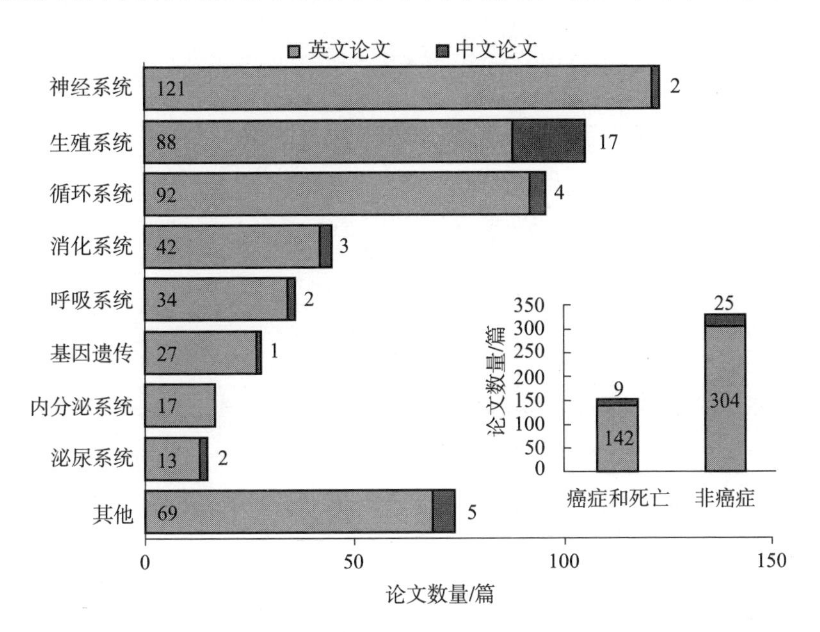

图 7.5　农药暴露对健康影响的 SCIE/SSCI 和中文核心期刊论文的研究领域

5.4　2011—2015 年关键词分析与主要研究热点

作为研究论文的重要组成部分，关键词高度概括了相关研究内容，反映了相关领域的研究热点和前沿（Mao 等，2010；Li 等，2011）。为了更好地理解和把握近几年来农药暴露对健康影响的发展趋势和热点，本研究对 2011—2015 年发表的 197 篇英文论文和 16 篇中文论文的关键词进行了深入分析。除 32 篇论文未设置关键词外，最终共计得到 181 篇论文的 939 个中英文关键词。在排除农药、农药暴露、农药施用等没有特殊指代性，以及病例对照研究、队列研究、线性回归等指代研究类型或方法的关键词的基础上，为了有效整合并提炼相同或近似关键词的承载信息，本研究对剩余所有关键词进行了归并，出现频次最高的关键词见表 7.7 所示。

通过对这些高频关键词进行分析，发现 2011—2015 年，有关农药暴露对人体健康影响的研究论文主要围绕生殖毒性、神经毒性、有机磷农药暴露、癌症或肿瘤、有机氯农药暴露、血液和淋巴系统毒性、基因遗传毒性以及内分泌系统毒性等 8 个方面进行。

表 7.7　农药暴露对健康影响的 SCIE/SSCI 和中文核心期刊论文的高频关键词

关键词分类	代表性关键词举例	频次
生殖毒性	birth defects，birth weight，prenatal exposure，reproductive health，semen quality，乳腺癌	98（8）
神经毒性	nerve conduction study，neurotoxicity，Parkinson's disease，Alzheimer' disease，神经发育	93（2）
有机磷农药暴露	organophosphate，organophosphorus，有机磷农药	53（2）
癌症或肿瘤	cancer risk，carcinogenesis，prostate cancer，ocular melanoma，non-Hodgkin's lymphoma，leukemia	51（4）
有机氯农药暴露	organochlorine，DDT，六六六，有机氯农药	32（10）
血液淋巴系统毒性	lymphoma，aplastic anemia，blood，hematological indices	31（0）
基因遗传毒性	genotoxic effects，genotoxicity，genotoxicity risk，DNA adducts	31（1）
内分泌系统毒性	endocrine disruptors，endocrine dysfunction，thyroid hormones	21（0）

注：括号外为中英文关键词总频次，括号内为中文关键词频次。

从具体研究领域看，近五年来的论文主要分析了农药暴露对人体生殖系统、神经系统、血液和淋巴系统、内分泌系统以及基因遗传等方面的损害效应，尤其是农药暴露的生殖毒性和神经毒性方面的研究已成为最受关注的研究热点（见表 7.7）。从农药暴露角度看，有机磷和有机氯农药暴露的受关注程度远高于其他农药。这可能与较多有机磷农药仍然被广泛使用有关，尽管部分高毒或剧毒有机磷农药在很多国家被禁止使用（Karami-Mohajeri 等，2014）；有机氯农药毒性更高，但也仍被广泛使用（Guo 等，2014；Imai 等，2014）。此外，近五年来，农药暴露与癌症或肿瘤之间的关系已成为另一个研究热点（见表 7.7），尽管不同论文所涉及的癌症类型有所不同（Weichenthal 等，2010）。需要指出的是，尽管农药暴露导致癌症发生的病理机制尚不完全清楚，但是大量研究论文的结果肯定了两者之间存在显著性关联（Alavanja 等，2013）。

6. 国内外研究比较

与发达国家尤其是美国的研究相比，国内关于农药暴露对健康影响的研究论文存在巨大差距。

第一，以中国为目标研究区域的论文数量偏少。在481篇英文论文中，仅有23篇论文以中国（含台湾地区）为目标研究区域，不仅远远少于以美国为目标研究区域的论文数量，如果不考虑关于台湾地区的1篇论文，甚至少于法国、加拿大和西班牙。尽管中文论文数量为46篇，但是其中12篇是文献研究。

第二，国内在该研究领域的高产研究机构和作者不多，而且少数高产研究机构和作者的发文量也明显少于发达国家的高产机构和作者。这说明，国内研究机构和人员在该研究领域并未形成较强的研究合力和竞争力。

第三，国内作者发表的英文和中文论文的被引用情况和影响力也较发达国家作者的论文存在较大差距。不论是总被引频次还是年均被引频次，国内作者发表的论文均偏低，在该领域未能形成较大的学术影响力。

第四，中文论文的研究设计、方法和领域均较为单一。其中，横截面研究和文献研究占绝对主导地位，而病例对照研究和队列研究论文明显偏少；且研究领域主要是对农药暴露的生殖毒性研究，而忽视了对农药暴露的神经毒性、循环系统毒性、消化系统毒性和呼吸系统毒性等方面的分析。同时，从近五年的研究热点可以看出，中文论文对有机磷农药暴露的健康影响分析也十分欠缺。总而言之，国内关于农药暴露对人体健康损害的研究，无论从论文数量还是质量上看，均与发达国家的研究存在较大差距，这和国内大量施用农药且农药中毒事件高发频发的现状是不相称的。

7. 总结与展望

综上所述，农药暴露对健康损害的论文数量总体呈现上升趋势，而以美国为代表的发达国家在该方面研究中占据主导地位。病例对照研究、队列研究和横截面研究是农药暴露对人体健康损害的最主要研究类型，而Logistic回归和线性回归则是最主要的定量研究方法，该方面的研究论文涉及了农药暴露对人体各个系统的健康损害。其中，农药暴露的神经毒性、生殖毒性和循环系统毒性及其与癌症和死亡的关系是主要研究领域，并成为近五年的研究热点。此外，大量论文研究了有机磷农药和有机氯农药暴露对人体的健康损害。

需要说明的是，国内对农药暴露的研究与发达国家的研究相比存在较大差距。此外，由于不同地区农药的暴露条件迥异，而且不同论文采用的农药暴露衡量标准和健康指标并非完全一致，甚至差异较大，所以在某种程度上不同论文的结论并不能简单地进行对比。因此，对农药暴露与人体健康损害关系的研究论文的主要结论进行更进一步的系统性回顾和综述，对于继续深入研究农药暴露的健康损害具有重要意义，这也是下一步研究的重要方向。

第 8 章　农药施用对农民健康的长期和短期影响[①]

1. 引言

农药施用在减少农作物产量损失、稳定农产品供给以及保障粮食安全等方面发挥了重要的积极作用。但是，农药施用的负外部性也不容忽视，而且在中国更加凸显。概括而言，农药施用不仅会对病虫害生物防治、环境和食品安全等产生不利影响（Pimentel 等，1992），而且其对农民的健康影响也引起了广泛关注（Huang 等，2002）。

以往研究发现，农药施用很可能存在急性和慢性神经毒性（Jayasinghe 等，2012；Qiao 等，2012；Starks 等，2012；Steenland 等，2000），并且会导致脂肪、蛋白质和碳水化合物代谢功能紊乱（Karami-Mohajeri 和 Abdollahi，2011）。但是，大部分研究主要基于健康症状、心理量表或临床特征，采用主观或定性方法分析农药施用的健康影响（Kamel 等，2005；London 等，1998）。例如，大量施用农药的农民更容易头痛、恶心

① 本章主要内容发表在 Plos One 2015 年第 10 卷第 6 期。本章与第 9 章、第 10 章的研究数据均来自 2012 年对广东、江西和河北 3 个省 246 名农民的实地调查和健康检查。但是，由于农民参加的健康检查项目存在一些微小差异，同时也存在一些农民在记录其农药施用信息时存在少许遗漏，因此，在研究农药施用对不同类型健康指标影响时，样本容量存在一些差异。此外，本章将详细介绍样本选取、健康检查和农药施用水平评估等内容，因此在第 9 章和第 10 章部分则不再对这些内容进行详细介绍。

以及患皮肤病（Qiao 等，2012）。以往研究存在两个方面的不足：第一，部分症状并不一定意味着病态。第二，在无法获取临床症状或特征时也可能存在亚临床变化。

此外，以往较多研究由于未能充分考虑农药施用的时间长度和程度而难以清晰揭示农药施用对人体健康的影响机制（Alavanja 等，2004）。绝大部分研究采用一次性农户调查数据来考察农药暴露的健康影响（Hossaiin 等，2004；Qiao 等，2012），或者简单地把不施用农药的农业工人（Engel 等，1998）或一般大众（Stokes 等，1995）作为农药暴露的对照组。尽管这些研究在某种意义上也提供了农药暴露产生负面健康影响的证据，但是难以有效控制其他因素对研究对象身体健康的影响，同时也难以精确定义暴露水平。本章主要基于血液化验和神经电生理的客观量化方法以及两轮农民调查数据来评估农药施用对中国农民的长期和短期健康影响。

2. 研究方法

2.1 样本选取

本章以及第 9 章和第 10 章的研究数据均来自 2012 年对广东、江西和河北 3 个省 246 名农民的实地调查和健康检查。根据 2011 年的农药施用数据，这 3 个省的单位播种面积的农药施用量分别为 25.0 千克 / 公顷、18.2 千克 / 公顷和 9.5 千克 / 公顷，分别代表中国农药施用强度较高、一般和较低的地区（国家统计局，2012）。

全部样本农民根据随机抽样原则获得。在每个省随机抽取两个县（市、区），在每个县（市、区）随机抽取两个村。在每个样本村，我们根据村委会提供的花名册随机抽取 20~25 户农户。在每一户，我们原则上指定该户主要承担农药施用的成员作为样本农民。最终，我们确定了 246 名农民参与本项研究。其中，样本农民必须满足两个条件：一是年满 18 周岁，二是主要承担家庭的农药施用。

2.2 健康检查

为了获取农民健康指标，我们在 2012 年对所有样本农民进行了两轮健康检查。第一轮是在 2012 年 3 月，选择这个时间段主要是因为此时农民尚未开始当年的农业生产活动。第二轮是在当年的农作物收获即将结束之前。对于不同省份，该时间点略有不同。其中，江西和河北为 2012 年 8 月，而广东为 2012 年 12 月。总体而言，我们主要研究了农药施用对 54 项农民健康指标的影响。这些指标包括 17 项血常规指标、13 项血生化指标、22 项常规神经传导检查指标和 2 项神经系统查体指标（具体指标如附表 1 和附表 2 所示）。

所有农民在抽取血液样本之前需至少禁食 12 个小时。全部血液样本抽取完毕之后立即进行离心和冷藏处理，并在 8 小时以内运送到北京的标准化血液检测实验室进行化学测试。血液检查包括血常规和血生化检验。其中，血常规检验包括白细胞、红细胞和血小板检验；血生化检验包括肝功能、胆碱酯酶、肾功能、电解质、维生素 B_{12}、叶酸、空腹血糖以及 C 反应蛋白等检验。

为了获得农民的周围神经传导指标，我们在 2012 年对样本农民进行了两轮常规神经传导检查。我们采用标准处理的表面电极方法来检测农民的 22 个周围神经传导指标。需要说明的是，考虑到农民承担的大量体力劳动可能造成周围神经损伤，而由体力劳动导致的周围神经损伤难以控制，因此，常规神经传导检查主要在农民的非利侧进行。由于常规神经传导检查的精确度有可能受到肢体温度的影响，因此在进行检查之前每个农民的上肢和下肢都会在温水中浸泡，使其温度分别保持 32℃ ~34℃和 30℃ ~33℃。我们主要对农民的两条上肢神经和三条下肢神经进行了常规神经传导检查。其中，上肢神经包括正中神经和尺神经，下肢神经包括胫神经、腓总神经和腓肠神经。两轮常规神经传导检查主要测量了正中神经、尺神经、胫神经和腓总神经的运动传导速度、远端运动潜伏期、近端和远端复合肌肉动作电位波幅，以及正中神经、尺神经和腓肠神经的感觉传导速度和感觉神经动作电位波幅。其中，神经传导速度、远端运动潜伏期以及波幅的衡量单位分别为米 / 秒、毫秒和毫伏。

神经系统查体包括临床总体神经病评分和简易精神状态检查。其中，临床总体神经病评分由两位专业的神经内科医生来执行，从而确保了结果的可比性。临床总体神经病评分主要包括 7 个项目：感觉障碍、运动障碍、自主障碍、针刺觉灵敏度、振动觉灵敏度、肌力以及腱反射（Cavaletti 等，2007）。对于每个项目，分值范围从 0（正常）到 4（最差）。

此外，我们还测量了所有样本农民的身高和体重，并据此计算其体重指数（BMI）。

中国人民解放军总医院医学伦理委员会同意了本项研究。本项研究所用的方法和中国人民解放军医学伦理委员会的伦理标准和指导原则一致。所有样本农民均被告知了研究目的和内容，并且在健康检查之前提供了正式的书面知情同意书。

2.3 问卷调查和农药施用水平评估

农民的农药施用水平评估主要借助问卷调查和跟踪记录。我们对每位农民进行了问卷调查，主要调查了农民的个人特征、习惯和以往农药施用历史。其中，个人特征包括年龄、性别、教育背景、家庭人口，习惯包括是否吸烟、是否饮酒以及是否在农药施用时采取防护措施，以往农药施用历史主要是指过去年份的农药施用次数。此外，考虑到糖尿病是导致多发性神经病的主要因素，我们还调查了农民的糖尿病史或是否正患糖尿病。

我们通过两种方法来确定农民的农药施用数据。首先，我们通过问卷调查收集农民 2009—2011 年的农药施用历史，主要调查其农药施用次数。其次，我们要求每位样本农民记录其 2012 年每一次农药施用的详细情况。相关信息包括每一种农药的化学名称、有效成分含量和实际施用量以及每一次农药施用的日期和时间长度。为了方便农民的记录以及跟踪检查，我们专门设计了一份挂历，在挂历的最后附加了农药施用记录表。为了保证农民记录的准确性和完整性，我们在发放挂历时以及跟踪过程中组织了若干次记录培训，用以指导农民进行正确的记录。除此以外，我们每 2 周或 1 个月进行一次跟踪检查，主要检查农民是否正确记录，以及帮助农民补充遗漏的记录。同时，我们要求农民把每一种农药的包装瓶或包装袋保留下来以备检查。

在本章研究中，2009—2011 年农民的农药施用次数被用来研究农药施用的长期健康影响。所有样本农民被分为两组：第一组农民在农药施用次数为 50 次及以上，称为高暴露组；第二组农民在 2009—2011 年的农药施用次数在 50 次以下，称为低暴露组。为了分析农药施用对农民健康的短期影响，我们采用每一轮健康检查前 3 天以内以及 4~10 天以内的农药施用次数作为目标解释变量。

2.4 统计方法

为了控制其他干扰因素对农民健康检查指标的影响，本章采用了多元回归分析方法。相应地，评估农药施用对农民健康长期影响的模型如下：

$$Indicator_i = a_0 + a_1 Pesticide_i + a_2 Characteristics_i + a_3 Region_i + e_i \quad (8.1)$$

式中，i 表示第 i 个农民，*Indicator* 代表健康指标。本章的目标解释变量 *Pesticide* 是一个衡量农药施用次数的虚拟变量，当其取值为 1 时，表示农民在 2009—2011 年的农药施用次数为 50 次及以上；而当其取值为 0 时，表示农民在 2009—2011 年的农药施用次数为 50 次以下。*Characteristics* 是一组农民个人特征：性别（1= 女性，0= 男性）、年龄（岁）、受教育程度（年）、身高（厘米）、体重（千克）、抽烟（1= 是，0= 否）以及饮酒（1= 是，0= 否）。*Region* 是省份虚拟变量，包括广东、江西和河北 3 个省的虚拟变量。 当被解释变量 *Indicator* 是连续变量时，本章采用普通最小二乘法对式（8.1）进行估计；当被解释变量 *Indicator* 是虚拟变量时，本章采用 Probit 模型对式（8.1）进行估计。

两轮健康检查数据使得本研究可以分析农药施用对农民健康的短期影响。根据两期面板数据，本研究建立了固定效应模型，并采用一阶差分法进行估计。具体模型如下：

$$\Delta Indicator_i = \beta_0 + \beta_1 \Delta Pesticide_i + \varepsilon_i \quad (8.2)$$

式中，$\Delta Indicator$ 表示农民的健康指标在两轮健康检查之间的变化，$\Delta Pesticide$ 表示两轮健康检查前农药施用次数的变化。统计检验均为双侧检验。当 p 值小于 0.05 时，在统计学意义上是显著的。

3. 结果

3.1 中国农作物农药施用概况

一般而言，样本农民的农药施用强度较高。2011 年样本农民个人及家庭特征的平均值如表 8.1 所示。其中，平均年龄为 51.46 岁，女性占比为 28%。受教育年限为 7.19 年，略高于小学毕业的水平。平均而言，样本农民在 2012 年施用农药达 12.8 次，平均施用量为 11.5 千克（见表 8.2）。但是，仅 14% 的农民在农药施用过程中采取简单的自我防护措施，例如戴口罩或手套。

表 8.1　2011 年样本农民的基本特征描述性统计

变量	均值	标准差	最小值	最大值
年龄 / 岁	51.46	10.13	24	76
女性（1= 是，0= 否）	0.28	0.45	0	1
受教育年限 / 年	7.19	3.70	0	15
身高 / 厘米	164.80	7.25	140	182
体重 / 千克	64.00	11.74	45	100
是否吸烟（1= 是，0= 否）	0.47	0.50	0	1
是否饮酒（1= 是，0= 否）	0.42	0.49	0	1
家庭人口 / 人	4.23	1.61	1	9
经营耕地面积 / 亩	10.75	13.97	0	170

注：样本容量为 246 个。

表 8.2 2012 年人均农药施用情况和 2009—2011 年农药中毒情况

省份	2012 年人均农药施用情况				2009—2011 年农药中毒的农民占比 /%
	次数	累计小时数	施用量 / 千克	采取防护措施比例 /%	
广东	15.9	47.3	13.4	17	23
江西	14.7	56.3	8.9	11	8
河北	8.2	30.0	12.0	13	8
平均	12.8	43.9	11.5	14	13

调查结果显示，13% 的样本农民在 2009—2011 年的农药施用过程中发生过至少一次急性中毒现象（见表 8.2）。其中，广东的样本农民发生急性中毒现象的比例为 23%，明显高于江西和河北样本农民发生急性中毒现象的比例（均为 8%）。

3.2 长期效应

第一轮血常规检查表明，70.25% 的样本农民至少存在一个异常指标（见表 8.3）。血生化检查表明，5.79% 的样本农民存在异常的肾功能指标，同时存在异常肝功能、电解质、维生素、空腹血糖指标的样本农民占比在 10%~15% 之间变动。常规神经传导检查表明，远端运动潜伏期的异常比例较高，达到了 45.93%。类似地，也有 45.71% 和 20.82% 的样本农民表现出总体神经病评分和简易精神状态检查异常。

表 8.3 2012 年两轮健康检查指标异常的样本农民比例

健康指标		第一轮检查 /%	第二轮检查 /%
血常规		70.25	95.40
血生化	肝功能	10.33	30.13
	肾功能	5.79	20.92
	电解质	9.50	25.94
	维生素	14.88	8.37
	空腹血糖	13.22	5.44
	C 反应蛋白	6.61	2.93

续表

健康指标		第一轮检查 /%	第二轮检查 /%
常规神经传导检查	运动传导速度	10.57	10.37
	感觉传导速度	12.60	12.86
	远端运动潜伏期	45.93	31.54
	复合肌肉动作电位波幅	8.13	5.39
	感觉神经动作电位波幅	3.25	4.56
神经系统查体	临床统计神经病评分	45.71	31.93
	简易精神状态检查	20.82	10.50

在第二轮健康检查中，异常健康指标个数显著增加。例如，血常规检查结果表明，几乎所有接受检查的样本农民（95.4%）在第二轮健康检查中至少存在一个异常的健康指标（见表 8.3）。此外，第二轮检查中也发现样本农民的肝功能、肾功能、电解质平衡以及临床总体神经病得分异常的比例也非常高。

本章采用多元回归分析来控制其他因素的影响。结果显示，5 种健康指标在高暴露组和低暴露组之间存在显著差异（见表 8.4），但是其他指标却不存在显著差异。具体而言，农药施用次数较多的样本农民的白细胞计数更高，而肌酐和钾离子水平较低。此外，高暴露组样本农民的胫神经近端和远端复合肌肉动作电位波幅更低。

表 8.4　农药施用对农民健康的长期影响（普通最小二乘法）

变量	白细胞计数 /（10^9・升$^{-1}$）	肌酐 /（微摩尔・升$^{-1}$）	钾离子 /（毫摩尔・升$^{-1}$）	胫神经复合肌肉动作电位波幅 / 毫伏	
				近端	远端
高暴露组（1= 是，0= 否）	0.64* （2.05）	−5.32** （−2.92）	−0.28** （−2.71）	−1.35* （−2.12）	−1.53* （−2.00）
女性（1= 是，0= 否）	0.35 （0.91）	−18.00** （−7.99）	−0.02 （−0.18）	−0.59 （−0.76）	0.07 （0.07）
年龄 / 岁	−0.01 （−1.19）	0.18* （2.49）	0.00 （0.07）	−0.12** （−4.98）	−0.11** （−3.59）
身高 / 厘米	−0.01 （−0.26）	0.03 （0.20）	−0.01 （−1.02）	0.03 （0.57）	0.12* （2.01）

续表

变量	白细胞计数/(10^9·升$^{-1}$)	肌酐/(微摩尔·升$^{-1}$)	钾离子/(毫摩尔·升$^{-1}$)	胫神经复合肌肉动作电位波幅/毫伏	
				近端	远端
体重/千克	0.01 (0.75)	0.16* (2.11)	0.01 (1.44)	−0.06* (−2.14)	−0.06 (−1.95)
吸烟(1=是，0=否)	0.59* (2.07)	−3.91* (−2.35)	0.16 (1.72)	−0.12 (−0.20)	−0.37 (−0.53)
饮酒(1=是，0=否)	−0.07 (−0.28)	−0.65 (−0.43)	0.20* (2.39)	−0.16 (−0.30)	−0.61 (−0.97)
省份虚拟变量	是	是	是	是	是
常数项	6.83 (1.73)	50.29* (2.20)	5.47** (4.27)	17.40* (2.14)	4.19 (0.43)
样本容量	242	242	242	246	246
R^2	0.11	0.46	0.19	0.14	0.10

注：农药暴露不显著回归结果未汇报。括号内为t统计量。* 和 ** 分别表示在5%和1%的水平上显著。

但是，尽管农药施用次数较高，样本农民的上述健康指标较高或较低，但是部分指标值仍然在正常范围内。为了解决这个问题，我们对每个指标构建一个虚拟变量，当指标异常时取值为1，当指标正常时取值为0，并采用Probit模型重新进行回归分析。结果显示，高暴露组虚拟变量和神经传导速度、复合肌肉动作电位波幅以及感觉神经动作电位波幅异常之间存在显著的正向关系（见表8.5）。但是，高暴露组虚拟变量和其他健康指标异常虚拟变量之间不存在显著关系。

表8.5　农药施用对农民周围神经传导异常的长期影响（Probit估计）

变量	周围神经传导速度异常		周围神经动作电位波幅异常	
	运动传导速度	感觉传导速度	复合肌肉动作电位波幅	感觉神经动作电位波幅
高暴露组(1=是，0=否)	0.05 (1.39)	0.10** (2.75)	0.02 (0.69)	0.03* (2.16)
女性(1=是，0=否)	−0.02 (−0.53)	0.00 (0.01)	0.03 (0.81)	−0.01 (−0.55)

续表

变量	周围神经传导速度异常		周围神经动作电位波幅异常	
	运动传导速度	感觉传导速度	复合肌肉动作电位波幅	感觉神经动作电位波幅
年龄（岁）	0.01** （5.41）	0.01** （4.73）	0.00** （4.33）	0.00* （2.88）
身高 / 厘米	0.00 （0.19）	–0.00 （–0.00）	0.00 （0.23）	0.00 （0.37）
体重 / 千克	0.00 （0.51）	0.00 （0.44）	0.00 （1.16）	–0.00 （–0.14）
吸烟（1= 是，0= 否）	0.01 （0.38）	–0.05 （–1.31）	0.05* （2.40）	–0.01 （–1.10）
饮酒（1= 是，0= 否）	0.04 （1.23）	0.03 （0.62）	0.04 （1.91）	0.02 （1.29）
省份虚拟变量	是	是	是	是
样本容量	246	246	246	246
伪 R^2	0.20	0.16	0.25	0.18

注：农药暴露不显著回归结果未汇报。括号外为边际效应，括号内为 z 统计量。* 和 ** 分别表示在 5% 和 1% 的水平上显著。

3.3 短期效应

两轮健康检查数据使得农药施用对健康指标的短期影响分析成为可能。本章中，短期农药施用是指健康检查前 10 天以内的农药施用次数。具体而言，我们把健康检查前 10 天以内的农药施用分为两类：一类是健康检查前 3 天以内的农药施用次数，二是健康检查前 4~10 天内的农药施用次数。为此，本章采用固定效应模型控制不随时间变化的个体差异，尤其是第一轮健康检查以前农药施用导致的累计健康影响。血常规结果显示，3 天以内的农药施用对绝大部分健康指标具有显著影响，例如单核细胞及其百分比、红细胞、血红蛋白、红细胞比容、平均红细胞容积、平均红细胞血红蛋白及其浓度、红细胞分布宽度变异系数、血小板计数以及血小板分布宽度等（见表 8.6）。但是，健康检查前 4~10 天内的农药施用对上述大部分指标的影响并不显著。

表 8.6 农药施用对农民血液化验指标的短期影响（固定效应模型）

变量	农药施用次数		常数项
	健康检查前 3 天以内	健康检查前 4~10 天	
单核细胞计数 / （10^9·升$^{-1}$）	−0.11**（−4.62）	−0.05**（−3.03）	0.37**（24.99）
单核细胞百分比 /%	−1.98**（−5.20）	−0.94**（−3.32）	6.14**（25.16）
红细胞计数 / （10^{12}·升$^{-1}$）	−0.17**（−4.08）	−0.03（−1.04）	4.69**（175.23）
血红蛋白 / （克·升$^{-1}$）	−2.01*（−2.14）	−1.26（−1.81）	144.30**（239.60）
红细胞比容 /%	−0.88*（−2.33）	0.08（0.30）	42.70**（175.94）
平均红细胞体积 / 飞升	1.66**（3.47）	0.83*（2.34）	91.62**（300.25）
平均红细胞血红蛋白含量 / 皮克	0.70**（3.77）	−0.08（−0.59）	30.96**（261.31）
平均红细胞血红蛋白浓度 /(克·升$^{-1}$)	2.27（1.77）	−3.76**（−3.96）	337.17**（411.57）
红细胞分布宽度变异系数 /%	−0.16*（−1.98）	0.13*（2.13）	12.56**（237.69）
血小板计数 / （10^9·升$^{-1}$）	−8.67*（−2.18）	−3.47（−1.17）	215.62**（84.55）
血小板分布宽度 / 飞升	0.75**（3.81）	0.21（1.46）	14.65**（116.02）
谷丙转氨酶 / （单位·升$^{-1}$）	4.54**（4.72）	−0.45（−0.64）	21.28**（34.61）
谷草转氨酶 / （单位·升$^{-1}$）	3.59**（3.87）	−0.82（−1.19）	24.01**（40.37）
胆碱酯酶 / （单位·升$^{-1}$）	−355.24**（−3.91）	−237.37**（−3.53）	8641.03**（148.86）
总蛋白 / （克·升$^{-1}$）	−3.56**（−5.66）	−0.48（−1.04）	74.58**（185.54）
尿素氮 / （毫摩尔·升$^{-1}$）	0.22*（2.13）	0.02（0.31）	5.25**（77.87）
钠离子 / （毫摩尔·升$^{-1}$）	−0.78**（−3.01）	−0.42*（−2.17）	141.83**（858.88）
无机磷 / （毫摩尔·升$^{-1}$）	0.07**（2.90）	−0.04*（−2.25）	1.24**（81.697）
维生素 B_{12}/ （纳克·升$^{-1}$）	−4.14（−0.14）	57.52**（2.70）	459.25**（24.96）
空腹血糖 / （毫摩尔·升$^{-1}$）	−0.25**（−3.34）	−0.17**（−3.12）	5.35**（111.60）

注：样本容量为 430 个。括号内为 t 统计量。* 和 ** 分别表示在 5% 和 1% 的水平上显著。

农药施用对血生化指标和神经传导研究指标影响的短期效应也得到了类似的结果（见表 8.7）。就血生化指标而言，3 天以内的短期农药施用显著提高了肝酶、尿素氮以及无机磷水平，同时降低了胆碱酯酶、总蛋白、钠离子和空腹血糖水平。但是，这些影响在农药施用后 4~10 天内均未观察到。正中神经运动传导速度、尺神经运动传导速度和尺神经感觉传导速度在农药施用后 3 天以内显著降低，但是 4~10 天内未观察到显著的降低。农药施用对尺神经的远端运动潜伏期，正中神经、尺神经和腓总神经的复合肌肉动作电位波幅，以及正中神经和尺神经的感觉神经动作电位波幅的影响为负，这与其对传导速度的正向影响不同。

表 8.7 农药施用对农民周围神经传导指标的短期影响（固定效应模型）

变量		农药施用次数		常数项
		健康检查前 3 天以内	健康检查前 4~10 天	
传导速度 /(米·秒$^{-1}$)	正中神经（运动）	0.74*（2.29）	−0.15（−0.56）	59.01**（255.87）
	尺神经（运动）	0.62*（2.07）	0.28（1.15）	57.18**（268.35）
	尺神经（感觉）	0.89*（2.34）	0.32（1.03）	53.46**（197.40）
远端运动潜伏期 / 毫秒	正中神经	−0.06（−1.23）	−0.07*（−2.01）	3.46**（105.84）
	尺神经	−0.16**（−3.35）	−0.04（−1.04）	2.83**（83.17）
复合肌肉动作电位波幅 / 毫伏	正中神经（近端）	−0.70**（−2.94）	−0.12（−0.62）	13.27**（78.13）
	正中神经（远端）	−0.61*（−2.59）	0.02（0.10）	13.76**（82.35）
	尺神经（近端）	−0.74**（−4.61）	−0.20（−1.53）	12.25**（106.91）
	尺神经（远端）	−0.45**（−3.04）	−0.20（−1.67）	12.89**（121.48）
	腓总神经（近端）	−0.12（−0.92）	−0.23*（−2.09）	6.79**（71.02）
感觉神经动作电位波幅 / 毫伏	正中神经	−0.75**（−4.89）	0.15（1.24）	8.20**（74.75）
	尺神经	−0.33**（−2.73）	−0.07（−0.74）	6.19**（72.09）

注：样本容量为 442 个。括号内为 t 统计量。* 和 ** 分别表示在 5% 和 1% 的水平上显著。

4. 讨论

本章全面考察了农药施用对中国农民的健康影响。急性有机磷暴露后可能发生有机磷诱导的迟发性多神经病（Jayasinghe 等，2012），但是尚未有证据表明长期低剂量有机磷或其他类型农药暴露对该类神经功能异常有影响（Lotti，2002）。临床总体神经病评分被广泛用于中毒性神经病（Cavaletti 等，2007）和其他远端长度依赖性神经病变（Caronblath 等，1999）的研究。简化的临床总体神经病评分仅包括了临床神经检查的症状和体征项目。该评分对运动症状、感觉症状和自主神经症状以及神经系统体征进行评分并加总，同时避免了神经根病变和神经压迫综合征等其他飞远端症状的稀释效应。本章研究结果发现，样本农民的感觉神经异常比运动神经异常更加普遍（见表 8.5）。但是，该指标还不足以敏感地检测不同农药暴露水平和不同暴露时期长度之间的神经系统功能变化。

神经传导研究是本章的客观检查手段。我们检测了样本农民非利侧的神经传导功能，以此来最大化地避免非农药施用的潜在干扰对农民神经损害的影响。在长期效应估计中，农药施用水平较高的样本农民组的胫神经的近端和远端复合肌肉动作电位波幅明显偏低，但是大多数指标尚未超出正常范围。其中，胫神经复合肌肉动作电位波幅反映了下肢神经的轴索功能。异常的电生理概况（例如，周围神经传导速度、复合肌肉动作电位波幅和感觉神经动作电位波幅等）主要出现在农药施用水平较高的样本农民组，且主要为感觉神经。这些发现意味着长期和低水平的农药施用也会导致周围神经毒性，尤其是对感觉神经而言，这与总体神经病评分的发现是一致的。这种形式的感觉神经病变和迟发性神经病是不一样的，后者中感觉丧失不是主要特点（Moretto 和 Lotti，1998）。尽管较多基于神经系统症状、神经系统检查和定量感觉检查的研究认为有机磷化合物施用和感觉神经病变有关（Jamal 等，2002），但是也有一些研究没有发现长期毒死蜱（一种有机磷杀虫剂）施用会导致感觉神经病变的证据（Albers 等，2004）。本章采用更大样本分析了高强度农药施用水平的影响，并且在施用后一致的时间进行了神经指标的检测。因此，本章研究结果是稳健且独一无二的。由于神经传导检测仅仅反映了异常的大纤维分布，我们需要进一步评估导致疼痛、热感觉以及自主神经功能的小的神经纤维分布。

本章改进了农作物生产中农药施用的短期健康影响。我们发现农药施用 3 天以内多数影响是显然的，但是在 4 天及以后显著减弱。其中，周围神经传导波幅和速度的短期可逆的变化可能是由于农药对周围神经离子通道的瞬间作用进而导致细胞内离子水平变化所引起的。这种变化可能会引起二次变化，从而导致轴索和神经元细胞体的细胞毒性，这类似化疗诱导的周围神经毒性（Jaggi 和 Singh，2012）。但是，相关的精确机理有待进一步研究。

本章采用简易精神状态检查这一最常用的认知筛选评估方法来检测样本农民的中枢神经系统变化。如图 8.1 所示，频繁的农药施用倾向于提高简易精神状态得分异常的可能性。但是，这种关联并不显著。这种关联的不显著可能是由于本章研究样本较小引起的。事实上，部分以往研究表明农药暴露会显著提高阿尔茨海默病的发病概率（Hayden 等，2010）。尽管如此，本章的初步发现使得对该问题的进一步研究成为必要。

对于血液系统，本章研究结果和部分以往研究是一致的，即农药施用会引起血常规指标的变动（Fareed 等，2013）。但是，本章结果更好地反映了农药施用对血液系统的长期和短期影响。具体而言，随着时间推移，农药施用后只有白细胞计数显著增加。一项荟萃分析表明，农药施用和白血病发生存在正向关系，包括非霍奇金淋巴瘤（Merhi 等，2007）。尽管外周血中白细胞数量的增加不意味着白血病，但是可能说明农药施用会损害骨髓的造血功能。此外，短期的农药施用会降低单核细胞、血红蛋白和血小板，意味着农药对外周血细胞具有直接的毒性影响。

关于血生化检查，本章研究结果表明农药施用会导致急性肝功能障碍和空腹血糖下降，这与部分以往研究认为农药施用会导致高血糖的结果相反（Karami-Mohajeri 和 Abdollahi，2011；Eissa 和 Zidan，2010）。这种矛盾的现象可能是由于不同类型农药的影响存在差异的缘故。农药施用后，血清钾、血清钠和无机磷等电解质也会在长期或者短期受到影响。到目前为止，只有一项研究指出农药（啶虫脒）施用后会发生电解质变化（Mondal 等，2012），但是其机制和临床意义尚有待进一步探讨。此外，农药施用也会对肾功能造成急性和慢性的影响，这些问题在以往研究中已经有所报道（Payán-Rentería等，2012）。

相比以往研究，本章全面地评估了不同时限和不同程度的农药施用对农民的多种健康指标的影响。但是，本章也存在一些不足之处。

第一，农药施用水平的测量以农民对 2009—2011 年农药施用的回忆为基础。这种测量方法可能存在回忆误差，不能完整地代表农民的农药施用程度。例如，2009 年以前农药施用较多的农民可能在 2009—2011 年期间施用的农药较少，反之亦然。

第二，农药施用对癌症、帕金森病和阿尔茨海默病等慢性疾病的影响，需要在更长时期内进行考察。最后，本章中健康指标变化反映的是农药施用对健康的总体影响，但是缺乏对一些特定健康异常的更深入研究和讨论。类似地，不同类型农药的施用对农民健康的影响有待进一步分析。

第 9 章　不同类型农药施用对农民健康的影响——兼论对转基因农作物发展的启示[①]

1. 引言

2015 年，国际癌症研究署发布的评估报告把草甘膦划分为致癌物，立即引起了草甘膦健康风险的激烈争论（Guyton 等，2015）。尽管大量文献指出，草甘膦除草剂损害人体健康的可能性不大（De Roos 等，2005；Jayasumana 等，2014；Mladinic 等，2009；Sorahan，2015），或者草甘膦是毒性最低的农药品种（Benachour 和 Séralini，2009；Mesnage 等，2013），但是仍然有一些公众对于草甘膦除草剂的安全性存在疑虑（Benachour 等，2007；Gasnier 等，2009；Koller 等，2012；Richard 等，2005）。同时，随着转基因抗草甘膦除草剂农作物的推广，除草剂施用中草甘膦的比例不断提高（Shaner，2000；Young，2006）。

总体而言，转基因农作物的种植深刻地改变了农业生产中的农药施用结构，这种改变不局限于除草剂（Benbrook，2012；Heimlich 等，2000；

---

① 本章主要内容发表在 Scientific Reports 2016 年第 6 卷。

Huang 等，2003；Lu 等，2012；Phipps 和 Park，2002；Pray 等，2001；Shaner，2000；Young，2006）。如以往研究所述，转基因抗草甘膦除草剂农作物的种植导致了农业除草剂施用的深刻变化（Benbrook，2012；Shaner，2000；Young，2006）。例如，转基因抗草甘膦除草剂大豆的种植使得美国1997—1998年期间的除草剂施用总量下降了10%，同时大约250万千克草甘膦除草剂被用来替代了330万千克的非草甘膦除草剂（Heimlich等，2000）。此外，由于转基因抗虫农作物生产出的特殊Bt毒蛋白可以有针对性地防治农作物害虫，尤其是鳞翅目害虫，因此转基因抗虫农作物的种植也使得鳞翅目化学杀虫剂大幅度下降（Naranjo，2011）。在中国，转基因抗虫棉花的种植减少了60%~80%的杀虫剂（Fitt等，2004）。此外，转基因抗虫玉米和棉花的种植使得全球杀虫剂施用量在1996—2006年期间下降了13.66万吨，下降幅度达29.9%（Naranjo，2009）。概括而言，转基因抗草甘膦除草剂农作物的种植尽管增加了草甘膦除草剂的施用量，但是减少了非草甘膦除草剂的施用量；同时，转基因抗虫农作物的种植显著降低了杀虫剂施用量并改变了其他类型杀虫剂的施用量。

在上述有关转基因农作物种植对农药施用结构影响的研究基础上，评估与转基因农作物有关的不同类型农药对农民健康的影响至关重要。然而，鲜有文献在统一框架中对此进行研究。本章旨在探讨草甘膦除草剂的健康毒性是否比非草甘膦除草剂更高，以及鳞翅目化学杀虫剂如何影响农民健康。该方面研究对于中国乃至全球农业转基因农作物发展具有重要意义。作为对比，本章同时评估了其他相关类型农药施用的健康影响，主要包括鳞翅目生物杀虫剂、非鳞翅目杀虫剂和杀菌剂。

2. 数据与方法

2.1 研究数据

本章涉及的样本选取、健康检查以及2012年农药施用信息记录及相关情况已在第 8 章详细说明，不再赘述。本章研究的主要健康指标包括 13 项血生化检验指标和 22 项周围神经传导指标。剔除无效样本后，本章研究以 224 名农民为基础，其中血生化研究样本容量为 214 个，而周围神经传导研究样本容量为 218 个。样本农民施用的全部农药分为六类：草甘膦除草剂、非草甘膦除草剂、鳞翅目化学杀虫剂、鳞翅目生物杀虫剂、非鳞翅目杀虫剂以及杀菌剂。每一种农药防治的病虫害范围来自农业部（现农业农村部）农药检定所主管的中国农药信息网（http://www.icama.org.cn/hysj/index.jhtml）。

2.2 统计方法

为了分析不同类型农药对农民健康影响的剂量效应，我们建立了多元线性回归模型来分析不同类型农药施用对农民健康指标的影响。模型形式如下：

$$HI_i = \alpha + \beta Pesticide_i + \gamma Characteristics_i + \delta Habit_i + \lambda Region_i + \zeta BaseHI_i + e_i \quad (9.1)$$

式中，i 表示第 i 个农民；被解释变量 HI 表示第二轮健康检查的指标；解释变量共分为 5 组：*Pesticide* 表示不同类型农药的施用量，包括草甘膦除草剂、非草甘膦除草剂、鳞翅目化学杀虫剂、鳞翅目生物杀虫剂、非鳞翅目杀虫剂以及杀菌剂；*Characteristics* 表示样本农民的个人特征，包括年龄、性别和体重指数；*Habit* 表示一组样本农民的日常习惯变量，包括抽烟、饮酒和采取防护措施；*Region* 表示省份虚拟变量；*BaseHI* 表示与被解释变量对应的第一轮健康检查指标，用来描述基线健康状态；e 表示随机误差项，α、β、γ、δ、λ 和 ζ 表示待估系数。本章中统计检验均为双侧检验，当且仅当 $p < 0.05$ 时表示通过显著性检验。

3. 结果

3.1 农户特点和农药施用

表 9.1 汇报了样本农民的个人特征。概括而言，224 名样本农民的平

均年龄为51.77岁，且其中60名（占26.8%）农民为女性。样本农民的体重指数平均为23.53千克/平方米。此外，分别有105名（46.9%）和95名（42.2%）样本农民具有吸烟和饮酒的习惯。但是，仅有30名（13.4%）样本农民在农药施用过程中采取防护措施。

表9.1 农户特征和农药施用水平（样本容量=224）

变量名称		均值	± 标准差	样本量/%
农户个人特征	年龄/岁	51.77	± 10.05	
	女性（1=是，0=否）			60（26.8）
	体重指数/（千克/平方米）	23.53	± 3.64	
	是否吸烟（1=是，0=否）			105（46.9）
	是否饮酒（1=是，0=否）			95（42.4）
	是否采用保护措施（1=是，0=否）			30（13.4）
农药施用水平	农药施用平均水平	4.54	± 5.52	
	草甘膦除草剂/千克	0.60	± 1.57	84（37.5）
	非草甘膦除草剂/千克	0.61	± 1.77	141（62.9）
	鳞翅目杀虫剂/千克	2.38	± 3.44	212（94.6）
	鳞翅目化学杀虫剂/千克	2.10	± 3.41	210（93.8）
	鳞翅目生物杀虫剂/千克	0.28	± 0.83	67（29.9）
	非鳞翅目杀虫剂/千克	0.27	± 0.69	142（63.4）
	杀菌剂/千克	0.68	± 1.56	112（50.0）

注：括号内为t统计量。

表9.1也汇报了2012年样本农民的农药施用量水平。平均而言，每个样本农民在2012年农业生产中施用了4.54千克农药。就除草剂而言，草甘膦除草剂施用量为0.60千克，大致与非草甘膦除草剂施用量相当（0.61千克）。鳞翅目杀虫剂平均施用量为2.38千克。其中，绝大部分是鳞翅目化学杀虫剂，占2.10千克；而鳞翅目生物杀虫剂施用量为0.28千克。除此以外，非鳞翅目杀虫剂平均施用量为0.27千克，远低于鳞翅目杀虫剂施用量。与除草剂和杀虫剂相比，样本农民的杀菌剂平均施用量仅为0.68千克。

3.2 农药施用对血生化指标的影响

农药施用对血生化指标影响的估计结果如表 9.2 所示。其中，草甘膦除草剂施用并未显著影响血生化指标。相比而言，非草甘膦除草剂施用与两项肾功能指标之间存在显著的正向关系。在其他因素不变的条件下，非草甘膦除草剂施用量每增加 1 千克，将使得尿素氮和肌酐水平分别提高 0.10 毫摩尔 / 升和 1.75 微摩尔 / 升。我们也发现，非草甘膦除草剂施用也会对叶酸水平产生显著的负向影响。

表 9.2　农药施用对血生化指标的影响

指标	除草剂		杀虫剂			杀菌剂
	草甘膦	非草甘膦	鳞翅目（化学）	鳞翅目（生物）	非鳞翅目	
谷丙转氨酶 /（单位 · 升 $^{-1}$）	−0.58 （−1.05）	−0.05 （−0.11）	0.65** （2.61）	−0.17 （−0.18）	−0.55 （−0.45）	1.43* （2.60）
谷草转氨酶 /（单位 · 升 $^{-1}$）	−0.06 （−0.16）	0.31 （1.06）	0.30 （1.74）	−0.20 （−0.30）	0.04 （0.04）	1.64** （4.16）
血尿素氮 /（毫摩尔 · 升 $^{-1}$）	−0.05 （−0.86）	0.10* （2.04）	0.02 （0.60）	−0.12 （−1.18）	−0.23 （−1.83）	0.11 （1.86）
血清肌酐 /（微摩尔 · 升 $^{-1}$）	−0.53 （−0.78）	1.75** （3.40）	−0.21 （−0.70）	−0.29 （−0.25）	−1.27 （−0.91）	0.28 （0.43）
维生素 B_{12}/（纳克 · 升 $^{-1}$）	−0.82 （−0.09）	−1.55 （−0.22）	−1.02 （−0.24）	−6.97 （−0.44）	24.10 （1.25）	−19.81* （−2.15）
血清叶酸 /（微克 · 升 $^{-1}$）	−0.17 （−0.84）	−0.35* （−2.30）	−0.00 （−0.05）	0.30 （0.86）	−0.25 （−0.60）	0.10 （0.51）
空腹血糖 /（毫摩尔 · 升 $^{-1}$）	0.03 （0.75）	0.01 （0.29）	0.04* （2.08）	0.05 （0.79）	−0.13 （−1.63）	−0.01 （−0.22）
C 反应蛋白 /（毫克 · 升 $^{-1}$）	−0.24 （−0.93）	−0.05 （−0.26）	0.25* （2.26）	0.16 （0.37）	−0.67 （−1.29）	0.07 （0.29）

注：样本容量为 214 个。其他控制变量回归结果未汇报。全部农药施用系数不显著的结果也未汇报。* 和 ** 分别表示在 5% 和 1% 的水平上显著。括号内为 t 统计量。

就杀虫剂而言，谷丙转氨酶的提高与鳞翅目化学杀虫剂施用存在显著正向关系。此外，鳞翅目化学杀虫剂施用量每增加 1 千克，会导致样本农民的空腹血糖和 C 反应蛋白水平分别显著提高 0.04 毫摩尔 / 升和 0.25 毫克 / 升。但是，无论是鳞翅目生物杀虫剂还是非鳞翅目杀虫剂，均未被发现对血生化指标存在显著影响。

杀菌剂施用会显著提高谷丙转氨酶和谷草转氨酶的水平。这两项转氨酶指标是反映人体肝功能的关键指标。回归结果表明，杀菌剂施用量每增加 1 千克，会导致上述两项转氨酶水平分别显著提高 1.43 单位 / 升和 1.64 单位 / 升。同时，杀菌剂施用量每增加 1 千克，也会导致维生素 B_{12} 显著降低 19.81 纳克 / 升。

3.3 农药施用对周围神经运动传导指标的影响

农药施用对周围神经运动传导指标影响的估计结果如表 9.3 所示。结果表明，草甘膦除草剂和非草甘膦除草剂施用均未对周围神经运动传导指标产生显著影响。

表 9.3 农药施用对周围神经运动传导指标的影响

指标	除草剂		杀虫剂			杀菌剂
	草甘膦	非草甘膦	鳞翅目（化学）	鳞翅目（生物）	非鳞翅目	
正中神经运动传导速度 / （米 · 秒 $^{-1}$）	0.18 （0.89）	−0.05 （−0.29）	−0.20* （−2.23）	−0.13 （−0.40）	0.02 （0.05）	0.28 （1.46）
尺神经运动传导速度 / （米 · 秒 $^{-1}$）	0.23 （1.15）	−0.14 （−0.87）	−0.20* （−2.28）	−0.16 （−0.50）	0.25 （0.63）	−0.18 （−0.94）
胫神经运动传导速度 / （米 · 秒 $^{-1}$）	−0.32 （−1.86）	−0.11 （−0.81）	−0.19* （−2.50）	−0.06 （−0.20）	−0.12 （−0.33）	−0.05 （−0.30）
腓总神经运动传导速度 /（米 · 秒 $^{-1}$）	0.00 （0.01）	−0.04 （−0.32）	−0.18** （−2.61）	0.38 （1.52）	−0.34 （−1.08）	−0.18 （−1.20）
尺神经远端运动潜伏期 / 毫秒	−0.01 （−0.41）	−0.00 （−0.38）	0.01* （1.98）	−0.05 （−1.96）	0.02 （0.85）	0.01 （0.48）

注：样本容量为 218 个。其他控制变量回归结果未汇报。全部农药施用系数不显著的结果也未汇报。* 和 ** 分别表示在 5% 和 1% 的水平上显著。括号内为 t 统计量。

表 9.3 表明，不同类型杀虫剂对周围神经运动传导速度的影响不尽相同。其中，鳞翅目化学杀虫剂施用对正中神经、尺神经、胫神经和腓总神经运动传导速度具有显著的负向影响。此外，鳞翅目化学杀虫剂施用量每增加 1 千克，则导致尺神经远端运动潜伏期增长 0.01 毫秒。但是，我们并未发现鳞翅目生物杀虫剂和非鳞翅目杀虫剂与周围神经运动传导速度之间具有显著关系。

除此以外，杀菌剂施用和周围神经运动传导指标之间也不存在显著关系。

3.4 农药施用对周围神经感觉传导指标的影响

表 9.4 汇报了农药施用对周围神经感觉传导指标影响的估计结果。结果显示，草甘膦除草剂和非草甘膦除草剂施用与周围神经感觉传导速度指标之间均不存在显著关系。但是，鳞翅目化学杀虫剂施用量每增加 1 千克，将导致正中神经感觉传导速度和尺神经感觉传导速度分别降低 0.19 米 / 秒和 0.20 米 / 秒。相比而言，鳞翅目生物杀虫剂和非鳞翅目杀虫剂施用与周围神经感觉传导指标之间不存在显著关系。此外，杀菌剂施用对尺神经感觉神经动作电位波幅存在负向影响。

表 9.4 农药施用对周围神经感觉传导指标的影响

指标	除草剂		杀虫剂			杀菌剂
	草甘膦	非草甘膦	鳞翅目（化学）	鳞翅目（生物）	非鳞翅目	
正中神经感觉传导速度 / （米 · 秒 $^{-1}$）	0.00 （0.02）	−0.34 （−1.95）	−0.19* （−1.98）	0.22 （0.62）	0.50 （1.14）	0.08 （0.37）
尺神经感觉传导速度 / （米 · 秒 $^{-1}$）	0.16 （0.82）	−0.04 （−0.22）	−0.20* （−2.25）	−0.28 （−0.85）	−0.45 （−1.09）	−0.16 （−0.81）
尺神经感觉神经动作电位波幅 / 毫伏	−0.06 （−0.76）	0.11 （1.79）	0.04 （1.28）	0.06 （0.52）	0.06 （0.42）	−0.20** （−2.69）

注：样本容量为 218 个。其他控制变量回归结果未汇报。全部农药施用系数不显著的结果也未汇报。* 和 ** 分别表示在 5% 和 1% 的水平上显著。括号内为 t 统计量。

4. 讨论与结论

本章研究结果表明，不同类型农药施用的健康影响存在较大差异。总体而言，杀虫剂施用对健康的负面影响比除草剂和杀菌剂施用更严重。其中，草甘膦除草剂施用未发现对农民健康造成明显损害，然而非草甘膦除草剂施用可能会导致肾功能障碍和降低叶酸水平。需要注意的是，鳞翅目化学杀虫剂不仅可能会损害肝功能、提高空腹血糖水平并导致炎症，而且也可能导致严重的周围神经损害。相比而言，鳞翅目生物杀虫剂和非鳞翅目杀虫剂并不会对农民健康产生显著的负面影响。此外，杀菌剂很可能会导致肝功能损害以及维生素 B_{12} 的流失。考虑到转基因抗草甘膦除草剂农作物的种植会在提高草甘膦除草剂施用的同时降低其他除草剂的施用，而转基因抗虫农作物种植会显著降低鳞翅目化学杀虫剂的施用（Benbrook，2012；Heimlich 等，2000；Huang 等，2003；Lu 等，2012；Phipps 和 Park，2002；Pray 等，2001；Shaner，2000；Young，2006）。本章研究结果意味着转基因农作物种植导致的农药施用结构变化可能有益于农民健康。

根据调查，农民的除草剂施用仅次于杀虫剂施用水平，而草甘膦除草剂几乎占全部除草剂施用量的一半（见表 9.1）。如前所述，草甘膦除草剂施用没有表现出对血生化指标的不良影响。这与以往有关人体职业农药暴露研究的结果相一致（Jauhianinen 等，1991；Williams 等，2000），但是却与动物实验的结果矛盾（Benedett 等，2004；Shenawy，2009；Karimi 等，2014；Tizhe 等，2014）。上述结果可能是由于职业暴露条件下的草甘膦吸入水平相对于口服实验动物而言低得多，从而不足以导致明显的人体健康风险。相比而言，非草甘膦除草剂施用可能会提高肾功能障碍的风险以及降低叶酸水平。类似的结果也在以往研究中有过报道（Hong 等，2000；Li 等，2016；Liu 等，2014）。例如，百草枯、莠去津和乙草胺暴露无论在动物实验还是在人体职业暴露条件下均可能导致肾功能损害（Hong 等，2000；Li 等，2016；Liu 等，2014）。需要注意的是，上述 3 种除草剂的使用程度仅次于草甘膦除草剂。此外，我们也发现草甘膦除草剂和非草甘膦除草剂均未产生明显的周围神经损害。

鳞翅目杀虫剂是样本农民施用的杀虫剂的最主要部分，并且绝大多数鳞翅目杀虫剂为化合物。实际上，鳞翅目化学杀虫剂主要包括有机磷、沙蚕毒素和拟除虫菊酯等具有不同毒性的化合物。鳞翅目化学杀虫剂导致的谷丙转氨酶、空腹血糖和C反应蛋白水平的提高，表明鳞翅目化学杀虫剂可能会造成肝功能损害、提高血糖水平以及导致炎症等。以往研究中也多次出现与本章一致的研究结果（Andreadis等，2013；Cecchi等，2012；Gomes等，1999）。例如，用于防治鳞翅目害虫的有机磷杀虫剂在以往有关研究中被认为会提高孕妇和实验老鼠血清中的谷丙转氨酶浓度，从而形成亚临床肝毒性（Cecchi等，2012；Gomes等，1999）。除此以外，绝大多数用来防治鳞翅目害虫的有机磷、沙蚕毒素和拟除虫菊酯杀虫剂均为神经毒剂（Delpech等，2003；韩招久等，2004；Jayasinghe等，2012；Karami-Mohajeri等，2014；Ray和Fry，2006；Shafer等，2005；Starks等，2012）。本章研究结果显示，鳞翅目化学杀虫剂对正中神经和尺神经的损害效应更为严重。

与鳞翅目化学杀虫剂不同，用于防治鳞翅目害虫的生物杀虫剂未对农民健康产生显著影响，这也与预期一致。中国农民采用最广泛的鳞翅目生物杀虫剂包括苏云金杆菌和棉铃虫核型多角体病毒。尽管近年来这些鳞翅目生物杀虫剂由于其高效和低毒的特点在中国得到的应用越来越广泛，但是其在全部鳞翅目杀虫剂中的比例仅为11.8%。此外，非鳞翅目杀虫剂也未被发现对农民健康产生不良影响，其主要原因可能是这些杀虫剂的施用剂量较小而不足以导致明显的健康风险。

杀菌剂仅占全部农药施用量的15%，低于杀虫剂和除草剂。尽管如此，我们也发现杀菌剂施用可能损害农民的肝功能。此外，杀菌剂施用也可能和维生素B_{12}流失存在显著关系。需要注意的是，大部分常用的杀菌剂主要为有机硫化合物，包括乙撑双二硫代氨基甲酸酯和二甲基二硫代氨基甲酸盐。具体而言，乙撑双二硫代氨基甲酸酯杀菌剂主要包括代森锰锌、代森锌和代森联，而二甲基二硫代氨基甲酸盐杀菌剂主要包括福美双和福美锌。以往研究指出，上述有机硫杀菌剂和人体及动物体内谷丙转氨酶和谷草转氨酶提高存在密切关系，而这就意味着肝功能损害（Dalvi 等，2002；Meneguz 和 Michalek，1987；Siddiqui 等，1993）。

值得注意的是，草甘膦除草剂、非草甘膦除草剂以及鳞翅目杀虫剂的施用会深刻地受到转基因抗草甘膦除草剂和抗虫农作物采用的影响（Benbrook，2012；Huang 等，2003；Lu 等，2012；Phipps 和 Park，2002；Pray 等，2001；Shaner，2000；Young，2006）。尽管有研究认为，草甘膦除草剂施用会导致公众对健康和环境风险的担忧（Benbrook，2012；Shaner，2000），大量研究表明草甘膦是毒性最低的农药种类（Cerderia 和 Duke，2006；Duke 和 Powles，2008；Franz 等，1997）。这意味着转基因抗草甘膦除草剂农作物的种植可能通过大幅度减少毒性更高的非草甘膦除草剂的施用而最终有益于农民健康。此外，转基因抗虫农作物的种植也能够帮助农民更有效地控制农作物生产中的鳞翅目害虫，因此可以减少鳞翅目化学杀虫剂的施用（Huang 等，2003；Lu 等，2012；Phipps 和 Park，2002；Pray 等，2001）。在这种情况下，如果转基因抗虫农作物得到更广泛种植，由此导致的杀虫剂施用结构变化可以通过降低农民的杀虫剂暴露而改善农民健康水平（Fitt 等，2004；Shelton 等，2002）。因此，本章研究结论对推广转基因农作物具有积极政策意义。

本章研究也存在不足。研究样本相对较小以及研究时期相对较短可能会导致研究结果存在偏差。同时，一系列血生化和周围神经传导指标不能反映研究样本人群的全面健康状况。因此，将来有必要对这些问题开展进一步的研究。

第 10 章　农药施用与农民周围神经传导异常的关系①

1. 引言

大部分农药是神经毒剂（Huang 等，2016），大量研究指出农药暴露会导致周围神经传导异常、认知功能障碍、智力损伤和帕金森病（Alavanja 等，2004；Priyadarshi 等，2001；张超等，2016）。但是，以往研究只对农药暴露组和非暴露组的神经系统检查结果进行比较（Alavanja 等，2004）。在实际农业生产条件下，农民施用的不同类型农药是否对周围神经传导产生负面影响的研究仍然不足。中国农民施用的农药种类较多，识别不同种类农药施用和农民周围神经传导功能的关系十分关键。

本书第 9 章分析了不同类型农药施用对农民周围神经传导指标的剂量效应（Zhang 等，2016）。但是，需要进一步回答的问题是，不同类型农药导致的周围神经传导指标的变化是否会最终导致周围神经传导的异常。实际上，这个问题的答案还不得而知。因此，本章进一步研究不同类型农药施用和农民周围神经传导异常之间的关系。

① 本章主要内容发表在 Scientific Reports 2018 年第 8 卷。

2. 数据与方法

2.1 研究数据

本章涉及的样本选取、健康检查以及农药施用数据的获取已在第8章详细说明，不再赘述。本章研究的主要健康指标是农民的周围神经传导指标。由于中28名农民由于各种原因未能参加常规神经传导检查，或者未能提供农药施用的详细信息，因此，本章的研究以218名农民的调查和健康检查数据为基础。

本章根据常规神经传导检查数据定义了一组反映周围神经传导指标异常的虚拟变量。以周围神经运动传导速度为例，如果至少一个周围神经运动传导速度指标异常，则定义一个取值为1的虚拟变量；如果周围神经全部的运动传导速度指标均正常，则该虚拟变量取值为0。本章也相应地定义了一组计数变量，分别为周围神经传导速度全部异常指标个数、周围神经运动传导速度异常指标个数、周围神经感觉传导速度异常指标个数、周围神经远端运动潜伏期异常指标个数、周围神经动作电位波幅全部异常指标个数、周围神经复合肌肉动作电位波幅异常指标个数和周围神经感觉神经动作电位波幅异常指标个数。

农民施用农药分为两类：一是除草剂，二是杀虫剂和杀菌剂。其中，除草剂分为草甘膦和非草甘膦两类；杀虫剂和杀菌剂分为有机磷、有机氮、有机硫、拟除虫菊酯以及其他5类。因此，本章就可以考察2012年不同类型农药施用对农民周围神经传导异常的影响。每一类农药施用量均按照其有效成分含量进行折算，其衡量单位是千克。

2.2 统计方法

由于大部分农民同时施用除草剂以及杀虫剂和杀菌剂，因此关键问题在于厘清不同类型农药施用对农民周围神经传导异常的影响。本章建立的模型如下：

$$NP = f(Pesticide, Characteristics, BaselineNP, Regions) \quad (10.1)$$

式中，被解释变量 *NP* 表示周围神经传导指标是否异常（1= 异常，0= 正常），以及异常的周围神经传导指标的个数，该指标的构建以第二轮农民常规神经传导研究数据为基础。对于解释变量，*Pesticide* 表示 7 种类型农药的施用量，包括草甘膦除草剂、非草甘膦除草剂、有机磷类杀虫剂和杀菌剂、有机氮类杀虫剂和杀菌剂、有机硫类杀虫剂和杀菌剂、拟除虫菊酯类杀虫剂和杀菌剂以及其他类型杀虫剂和杀菌剂；*Characteristics* 表示一组农民的基本个人特征，包括年龄、性别、体重指数、是否吸烟、是否饮酒、是否采取防护措施以及是否有糖尿病史或正患糖尿病；*BaselineNP* 是被解释变量的一期滞后项，以第一轮常规神经传导研究数据为基础，用来描述周围神经传导异常的基线状态。此外，本章采用 *Regions* 来表示一组省份虚拟变量，主要目的是控制地区效应。

本章分别采用 Logistic 和负二项回归估计虚拟变量的比值比（ORs）和计数变量的发生率比值（IRRs）。所有统计检验均为双侧检验，且 $p <$ 0.05 表示统计学意义上的显著。需要说明的是，当比值比和发生率比值分别大于 1 时，表示农药施用对农民周围神经传导异常具有正向影响。

3. 结果

3.1 个人特征

表 10.1 汇报了样本农民的基本个人特征。全部 218 名样本农民的平均年龄为 51.6 岁，其中 90 名农民的年龄在 50 岁以下，而 17 名农民的年龄在 65 岁以上。从性别角度看，男性农民的人数为 161 人，占全部农民的 74%。样本农民的平均体重指数为 23.4 千克 / 平方米。在全部 218 名农民中，将近一半的农民在日常生活中吸烟（47.7%）和饮酒（43.1%）。但是，只有 27 名农民在农药施用过程中采取戴口罩、穿长袖衣裤等简单的保护措施。调查也发现，14 名农民具有糖尿病史或正患糖尿病，占全部样本农民的 6.4%。

表 10.1 农民的个人特征和生活特征描述性统计

变量	均值	标准差	农民人数	百分比 /%
年龄 / 岁	51.6	10.1		
< 50/ 岁	41.7	5.9	90	41.3
50~65/ 岁	57.1	4.1	111	50.9
> 65/ 岁	68.6	1.7	17	7.8
男性（1= 是，0= 否）			161	73.9
体重指数 /（千克 · 平方米 $^{-1}$）	23.4	3.4		
< 18/（千克 · 平方米 $^{-1}$）	17.5	0.3	8	3.7
18~25/（千克 · 平方米 $^{-1}$）	21.9	1.7	146	67.0
> 25/（千克 · 平方米 $^{-1}$）	27.7	2.2	64	29.4
吸烟（1= 是，0= 否）			104	47.7
饮酒（1= 是，0= 否）			94	43.1
施药时采用保护措施（1= 是，0= 否）			27	12.4
曾经或正患糖尿病（1= 是，0= 否）			14	6.4

注：样本容量为 218 个。

3.2 农药施用特征

图 10.1 展示了样本农民的农药施用情况。总体而言，人均农药施用量为 4.58 千克。其中，人均除草剂施用量为 1.19 千克，而人均杀虫剂和杀菌剂施用量为 3.39 千克。

平均而言，农民人均草甘膦除草剂施用量为 0.62 千克，占全部除草剂施用量的一半以上（见图 10.1）。相比而言，人均非草甘膦除草剂施用量为 0.57 千克。其中，样本农民的非草甘膦除草剂施用量大致为 0.44 千克，占全部非草甘膦除草剂施用量的 77%，主要包括百草枯、莠去津和乙草胺。

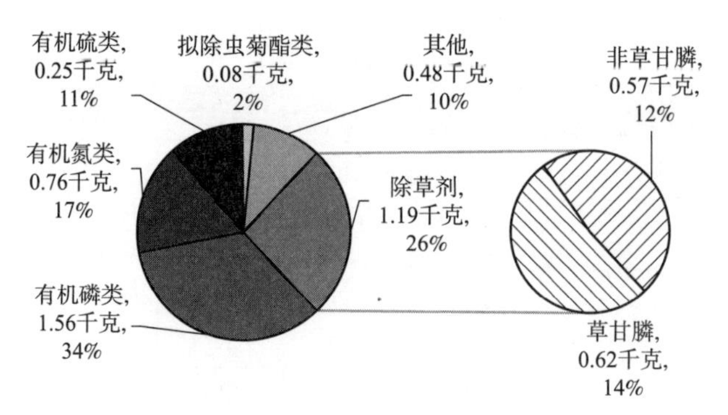

图 10.1　农民的不同类型农药施用情况

至于杀虫剂和杀菌剂，农民人均有机磷类化合物施用量达到了 1.56 千克（见图 10.1）。有机磷类化合物在农民施用的农药中占比最大，而其他类型的杀虫剂和杀菌剂占比较小。其中，人均有机氮类杀虫剂和杀菌剂施用量为 0.76 千克，而有机硫类杀虫剂和杀菌剂人均施用量仅为 0.25 千克。拟除虫菊酯类农药的施用量最低，只有 0.08 千克。

3.3　周围神经传导异常特征

图 10.2 显示了农户周围神经传导异常特征。其中，在全部 218 名农民中，41 名农民存在至少一个异常的周围神经传导速度指标，即其神经传导速度下降到了正常范围以下。在这 41 名农民中，25 名农民存在至少一个异常的周围神经运动传导速度指标，而 28 名农民存在至少一个异常的周围神经感觉传导速度指标。此外，研究也发现 68 名农民存在至少一个异常的远端运动潜伏期指标。相比而言，周围神经动作电位波幅的异常概率较低，只有 20 名农民存在异常的周围神经动作电位波幅指标。其中，12 名农民存在至少一个异常的复合肌肉动作电位波幅，而 10 名农民存在至少一个感觉神经动作电位波幅。

3.4　农药施用对周围神经传导异常的影响

表 10.2 和 表 10.3 汇报了不同类型农药施用与农民神经传导异常的比值比和发生率比值之间的关系。在控制其他干扰因素的影响之后，未发现草甘膦除草剂和非草甘膦除草剂会显著提高农民周围神经传导异常的比值比和发生率比值。

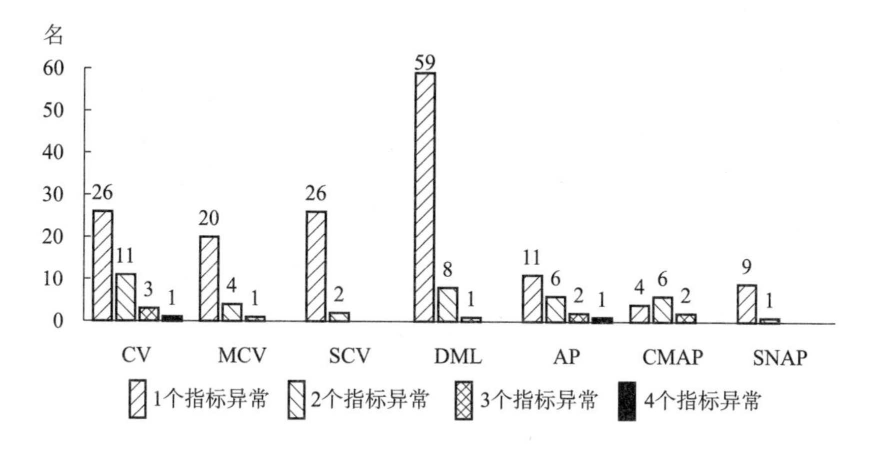

图 10.2 周围神经传导指标异常的农民人数

注：CV、MCV、SCV、DML、AP、CMAP、SNAP 分别表示周围神经传导速度全部指标、周围神经运动传导速度指标、周围神经感觉传导速度指标、周围神经远端运动潜伏期指标、周围神经动作电位波幅全部指标、周围神经复合肌肉动作电位波幅指标和周围神经感觉神经动作电位波幅指标。

表 10.2 农药施用对周围神经传导异常比值比的影响

变量		周围神经传导速度			周围神经远端运动潜伏期指标至少一个异常	周围神经动作电位波幅指标至少一个异常
		全部指标至少一个异常	运动传导速度指标至少一个异常	感觉传导速度指标至少一个异常		
除草剂	草甘膦 / 千克	0.70 （−1.12）	1.34 （0.38）	0.64 （−1.43）	1.05 （0.39）	1.21 （0.78）
	非草甘膦 / 千克	0.84 （−1.19）	1.46 （1.00）	0.84 （−1.14）	1.08 （0.84）	1.21 （0.94）
杀虫剂和杀菌剂	有机磷类 / 千克	1.51** （3.67）	1.76** （3.13）	1.43** （3.12）	1.00 （−0.08）	0.95 （−0.35）
	有机氮类 / 千克	2.03** （3.07）	1.20 （0.39）	2.21** （3.43）	1.15 （1.24）	1.48* （2.10）
	有机硫类 / 千克	0.49 （−1.24）	1.69 （1.05）	0.48 （−1.36）	0.92 （−0.50）	0.96 （−0.07）
	拟除虫菊酯类 / 千克	0.14 （−0.72）	0.02 （−0.74）	3.57 （0.62）	1.47 （0.45）	2.66 （0.40）
	其他 / 千克	1.74 （1.95）	1.68 （1.20）	1.53 （1.93）	0.80 （−1.11）	0.80 （−0.42）

续表

变量	周围神经传导速度			周围神经远端运动潜伏期指标至少一个异常	周围神经动作电位波幅指标至少一个异常
	全部指标至少一个异常	运动传导速度指标至少一个异常	感觉传导速度指标至少一个异常		
准 R^2	0.67	0.83	0.57	0.11	0.64
对数似然值	−105.38	−77.65	−83.58	−135.30	−66.83
样本容量	218	218	218	218	218

注：本章采用 Logistic 回归估算调整后的比值比。其他控制变量回归结果未汇报。括号内为 z 统计量。* 和 ** 分别表示在 5% 和 1% 的水平上显著。

在杀虫剂和杀菌剂中，有机磷化合物施用会显著提高农民周围神经传导速度全部指标至少一个异常。在控制其他干扰因素的影响之后，有机磷类杀虫剂和杀菌剂施用每增加 1 千克，将会导致农民周围神经传导速度指标至少一个异常的比值比和发生率比值分别提高 51%（比值比 =1.51）和 15%（发生率比值 =1.15）。相比而言，有机磷杀虫剂和杀菌剂施用对周围神经运动传导速度异常的影响程度大于对周围神经感觉传导速度指标至少一个异常的影响。结果显示，有机磷杀虫剂和杀菌剂施用每增加 1 千克，将使得周围神经运动和感觉传导速度指标至少一个异常的比值比分别增加 76%（比值比 =1.76）和 43%（比值比 =1.43）。此外，有机磷杀虫剂和杀菌剂施用每增加 1 千克，会导致周围神经运动传导速度指标至少一个异常的发生率比值提高 22%（发生率比值 =1.22）。但是，有机磷杀虫剂和杀菌剂施用与周围神经感觉传导速度指标至少一个异常的发生率之间不存在显著关系。

表 10.3　农药施用对周围神经传导异常发生率比值的影响

变量		周围神经传导速度			周围神经远端运动潜伏期指标至少一个异常	周围神经动作电位波幅	
		全部指标至少一个异常	运动传导速度指标至少一个异常	感觉传导速度指标至少一个异常		全部指标至少一个异常	感觉神经动作电位波幅指标至少一个异常
除草剂	草甘膦 / 千克	0.86 （−1.22）	1.11 （0.65）	0.74 （−1.63）	1.02 （0.21）	0.96 （−0.19）	1.04 （0.11）
	非草甘膦 / 千克	0.96 （−0.67）	0.91 （−0.91）	1.01 （0.09）	1.04 （0.59）	1.13 （0.87）	1.26 （1.53）

续表

变量		周围神经传导速度			周围神经远端运动潜伏期指标至少一个异常	周围神经动作电位波幅	
		全部指标至少一个异常	运动传导速度指标至少一个异常	感觉传导速度指标至少一个异常		全部指标至少一个异常	感觉神经动作电位波幅指标至少一个异常
杀虫剂和杀菌剂	有机磷类/千克	1.15** （3.72）	1.22** （3.36）	1.11 （1.95）	0.99 （–0.17）	1.05 （0.65）	0.92 （–0.46）
	有机氮类/千克	1.17* （2.13）	0.83 （–1.06）	1.26* （2.43）	1.03 （0.51）	1.36* （2.37）	1.38 （1.61）
	有机硫类/千克	0.99 （–0.07）	1.28 （1.45）	1.04 （0.17）	0.98 （–0.17）	0.67 （–1.26）	1.12 （0.15）
	拟除虫菊酯类/千克	0.91 （–0.10）	0.16 （–0.91）	1.93 （0.52）	1.28 （0.39）	2.75 （0.58）	3.32 （0.43）
	其他/千克	1.16 （1.42）	1.12 （0.81）	1.22 （1.22）	0.97 （–0.27）	0.96 （–0.11）	0.94 （–0.08）
准 R^2		0.40	0.57	0.35	0.09	0.51	0.58
对数似然值		–144.37	–92.93	–90.89	–165.50	–89.52	–43.95
观测值		218	218	218	218	218	218

注：本章采用负二项回归估算调整后的发生率比值。其他控制变量回归结果未汇报。括号内为 z 统计量。* 和 ** 分别表示在 5% 和 1% 的水平上显著。

有机氮杀虫剂和杀菌剂施用与农民周围神经传导异常之间存在显著关系。如表 10.2 和表 10.3 所示，有机氮杀虫剂和杀菌剂施用每增加 1 千克，将导致农民周围神经传导速度全部指标至少一个异常的比值比增加 103%（比值比 =2.03）；而相应地，有机氮杀虫剂和杀菌机每增加 1 千克，也会使得周围神经传导速度全部指标至少一个异常的发生率比值增加 17%（发生率比值 =1.17）。具体而言，有机氮杀虫剂和杀菌剂对周围神经传导异常的影响主要体现在感觉神经的传导上面，其中，有机氮杀虫剂和杀菌剂施用每增加 1 千克，将使得周围神经感觉传导速度指标至少一个异常的比值比和发生率比值分别提高 121%（比值比 =2.21）和 26%（发生率比值 =1.26）。除此以外，有机氮杀虫剂和杀菌剂施用也会增加周围神经动作电位波幅异常的风险。其中，每增加 1 千克的有机氮杀虫剂和杀菌剂施用，会使得复合肌肉动作电位波幅和感觉神经动作电位波幅指标至少一个异常的比值比和发生率比值分别提高 48%（比值比 =1.48）和 36%（发生率比值 =1.36）。

本章研究也发现，有机硫和拟除虫菊酯杀虫剂和杀菌剂与周围神经传导异常并不存在显著关系。

4. 讨论与结论

本章采用 Logistic 和负二项回归分析方法研究了不同类型农药施用与中国农民周围神经传导异常的关系。结果表明，在实际农业生产条件下，不同类型农药施用对农民周围神经传导异常的影响存在差异。具体表现为，草甘膦除草剂和非草甘膦除草剂施用并不会显著增加周围神经传导异常风险，但是，有机磷和有机氮杀虫剂和杀菌剂会显著提高农民周围神经传导异常的概率。

在除草剂中，草甘膦除草剂和非草甘膦除草剂施用均不会显著提高农民周围神经传导异常的风险。本章研究结果与第 9 章研究结果一致，即无论是草甘膦除草剂还是非草甘膦除草剂均不会使得周围神经传导指标发生显著变化（Zhang 等，2016）。事实上，草甘膦除草剂是毒性最低的农药种类之一（De Roos 等，2005；Sorahan，2015）。需要说明的是，尽管本章的证据表明实际农业生产中的草甘膦除草剂施用未能对农民周围神经传导产生负面影响，但这仍然不足以断定草甘膦除草剂施用不会损害农民周围神经系统。关键原因在于农民施用的草甘膦除草剂剂量可能还不足以引起可观测的神经传导异常。

至于杀虫剂和杀菌剂，有机磷和有机氮农药施用会显著提高农民周围神经传导异常的风险，而有机硫和拟除虫菊酯农药施用与农民周围神经传导异常不存在显著关系。农民周围神经传导速度异常与有机磷杀虫剂和杀菌剂施用的显著关系表明，有机磷杀虫剂和杀菌剂施用会显著导致农民周围神经传导速度下降到正常范围以下，这是周围神经系统脱髓鞘疾病的重要信号。该结果与以往大部分研究的结论是一致的（Alavanja 等，2004；Jayasinghe 等，2012；Karami-Mohajeri 等，2014；Starks 等，2012）。相比而言，有机氮杀虫剂和杀菌剂施用不仅会显著提高农民周围神经系统脱髓鞘疾病的发生概率，而且会显著提高其轴索损害的风险。其中，由有机氮杀虫剂和杀菌剂施用导致的脱髓鞘疾病的风险主要与感觉神经传导有关。此外，有机氮杀虫剂和杀菌剂施用也会促使周围神经动作电位波幅下降到其正常范围以下，从而形成周围神经的轴索损害。以往研究已经说明，大量常用的有机氮杀虫剂和杀菌剂，例如氨基甲酸酯和新烟碱类化合物，具有严重的神经毒性（Pathak 等，2011）。相比而言，有机硫和拟除虫菊酯杀虫剂和杀菌剂与农民的周围神经传导异常并不存在显著关系。

本章的研究结果对于中国农药减施具有重要政策意义。为了减弱乃至消除大量农药施用导致的健康影响，中国已经禁止部分高毒农药的生产和施用（Bai 等，2006）。但是，仍然有较多毒性较高的有机磷和有机氮杀虫剂和杀菌剂在中国的农业生产中得到广泛应用，例如特丁硫磷、氧乐果、甲拌磷、水胺硫磷、啶虫脒和吡虫啉等。因此，需要加快推广低毒和健康友好型农药来替代相对高毒的有机磷和有机氮杀虫剂及杀菌剂。

第四篇
农药施用的驱动因素

第 11 章　城乡收入差距对农药施用的影响——基于省级面板数据的实证研究①

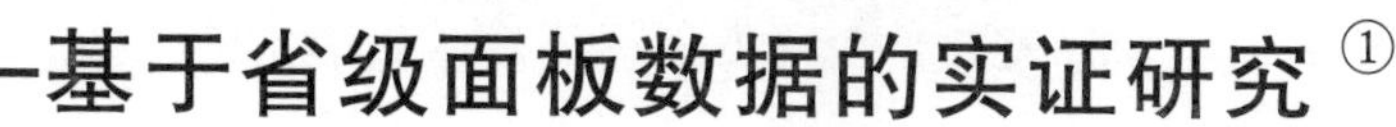

1. 引言

改革开放 40 年来，中国农业和农村发展取得了举世瞩目的成就，但是城乡收入差距扩大和农业化学品过量投入成为农业和农村可持续发展的严重挑战。1978 年之后，家庭联产承包责任制的实施促进了中国农业生产率的提高，农村居民收入持续快速增长（Gong，2018）。1978—2016 年，中国农林牧渔业增加值从 1027.5 亿元增长到 65 964.4 亿元，按不变价格计算，年均增长 4.5%；农村居民人均纯收入实现年均 7.6% 的增长，从 1978 年的 133.6 元增长到 2015 年的 10 772 元（国家统计局，2017）。得益于农村居民收入的持续增长，改革开放初期城乡收入差距大幅下降（刘文勇，2004）。但是，1988—2009 年，中国城乡收入差距不断扩大。2009 年，按不变价格计算的城乡居民收入比高达 3.1（国家统计局，2017）。尽管 2010 年以来城乡收入差距略有下降，但仍与改革开放初期的水平相差无几。同时，中国农业生产高度依赖农业化学品投入（Zhang 等，2015）。以农药为例，尽管农药在减少农作物产量损失以及稳定农产品供给等方面

① 本章主要内容发表在《中国农村经济》2019 年第 1 期。

发挥了积极作用，但中国农药施用量从1990年的73.3万吨增长到2016年的174万吨，位居世界第一，同期的农药施用强度（即单位播种面积农药施用量）也从4.9千克/公顷增长到10.4千克/公顷（国家统计局，2017）。研究表明，中国农民普遍存在不同程度的农药过量施用，而农药过量施用导致的生态环境污染及人体健康损害引起了广泛关注和担忧（张超等，2016）。在推进农业供给侧结构性改革和实施乡村振兴战略的背景下，缩小城乡收入差距和减少农药等农业化学品投入是重要的政策目标。

环境经济学文献基于环境库兹涅茨曲线假设，采用不同环境指标对不同地域和时间范围内的收入水平、不同群体的收入差距与环境质量的关系进行了研究（Dinda，2004）。但在中国情境下，学界对城乡收入差距和农村居民人均收入是否影响以及如何影响农业化学品投入缺乏足够研究。科学准确地回答该问题，对于缩小城乡收入差距和减少农业化学品投入具有重要政策含义。因此，本章以中国农药施用为例，试图在省级面板数据的基础上分析城乡收入差距和农村居民人均收入对农业化学品投入的影响。首先，本章在梳理相关文献的基础上提出城乡收入差距和农村居民人均收入对农药施用强度的影响机理，然后构建一个刻画城乡收入差距、农村居民人均收入和农药施用强度关系的计量模型，并基于计量结果分析城乡收入差距和农村居民人均收入对农药施用强度的影响。

2. 文献综述

近年来，中国的农药过量施用问题引起了普遍关注。Huang等（2001）引入损害控制生产函数研究了中国水稻生产中的农药过量施用，结果表明中国水稻生产户实际施用的农药是最佳经济施用量的1.4倍。朱淀等（2014）和Zhang等（2015）的研究也得到了类似结论。对中国棉花生产的研究发现，常规棉和Bt抗虫棉生产户也存在明显的农药过量施用现象（Huang等，2002；Zhang等，2015），姜健等（2017）和李昊等（2017）的研究指出，中国菜农和果农也存在经济意义上的农药过量施用现象。

较多文献从不同角度对农药施用的影响因素进行了有益研究。其中，农民的性别、年龄、受教育程度等个人特征以及家庭收入、财富水平、劳动力规模与结构、兼业状况、种植规模等家庭特征均可能对农药施用产生重要影响（黄季焜等，2008；王常伟、顾海英，2013；纪月清等，2015）。Chen 等（2013）的研究指出，病虫害和转基因生物技术知识水平较高的农民会在 Bt 抗虫棉生产过程中较少施用农药。黄季焜等（2008）和 Liu 和 Huang（2013）发现，农民的风险偏好与 Bt 抗虫棉生产中的农药施用量存在显著的负相关关系。米建伟等（2012）对中国 240 名棉农的研究表明，风险规避程度高的农民所施用的农药种类更多、所购买的农药价格更高。Gong 等（2016）则指出，农民的风险规避意识越强，其农药施用量越高，尤其对于以农业为生计的农民而言。Jin 等（2016）的研究发现，农民的风险感知程度与其过量施用农药的概率呈显著的负相关。市场因素也可能影响农民的农药施用行为，在面临较高的农药价格时，农民会为了降低农业生产成本而减少农药施用量（米建伟等，2012；Liu 和 Huang，2013）。此外，农业技术培训也被认为是影响农民农药施用行为的重要因素（应瑞瑶、朱勇，2015）。

环境库兹涅茨曲线假设在环境经济学文献中被广泛应用于分析收入水平与环境质量的关系（Dinda，2004）。Grossman 和 Krueger（1991）通过构建计量模型考察了北美自由贸易区协议的环境影响，认为空气中的二氧化硫和烟雾浓度在国民收入处于较低水平时随着人均国内生产总值的增加而升高，但在国民收入水平较高时随着人均国内生产总值的增加而降低。Panayotou（1993）第一次使用环境库兹涅茨曲线来描述这种倒“U”形关系。此后，大量验证环境库兹涅茨曲线假设的实证文献不断出现，但是未能形成一致结论（Dinda，2004）。例如，Kaufmann（1998）基于 23 个国家 1974—1989 年数据的研究认为，当人均国内生产总值在 3 000~12 500 美元这一区间内增长时，二氧化硫浓度下降；但是当人均国内生产总值在超过 12 500 美元的范围内增长时，二氧化硫浓度上升。少数文献试图验证环境污染和收入之间的因果关系。例如，Coondoo 和 Dinda（2002）基于跨国面板数据，采用格兰杰因果检验，认为环境污染和经济发展之间的因果关系因国家、地区的不同而存在差异。Dinda 和 Coondoo（2006）通过分析

1960—1990 年 8 个国家的跨国面板数据指出，人均国内生产总值和二氧化碳排放在不同国家和地区可能存在双向因果关系。

一些学者通过扩展环境库兹涅茨曲线假设来检验收入不均等或收入差距与环境污染的关系。Boyce（1994）认为，收入不均等程度的扩大不仅会增加富人和穷人的环境时间偏好比率，导致两个群体采取环境破坏行动，而且会鼓励富人向穷人转移环境成本，从而引起环境污染。基于多国数据，Torras 和 Boyce（1998）利用混合普通最小二乘法分析了收入不均等对空气污染和水污染的影响，却得到了不同的结论。他们认为，在低收入国家，收入不平等程度扩大会显著提高空气中的二氧化硫和烟雾浓度从而加重环境污染，但是也会降低空气中的重颗粒污染物浓度和提高水体中的溶解氧含量从而改善环境质量；而对于高收入国家，收入不均等程度与环境污染之间并未呈现显著关系（Torras 和 Boyce，1998）。Heerink 等（2001）运用 1985 年关于环境污染的跨国数据指出，收入不均程度的扩大会降低环境污染程度。Zhang 和 Zhao（2014）利用 1995—2010 年中国国家和地区层面的面板数据的分析指出，平等的收入分配对于控制二氧化碳排放十分重要。Hao 等（2016）运用 1995—2012 年中国的省级面板数据进行分析，认为人均二氧化碳排放随着收入差距的扩大而增加。总体而言，收入水平以及不同群体的收入差距和环境污染的关系是一个受到广泛关注的学术议题，但是到目前为止尚未得到一致结论。在中国情境下，相关研究主要探讨工业污染、生活污染、能源消费等与收入水平及收入不平等的关系，鲜有文献分析城乡收入差距和农村居民人均收入对农业化学品投入的影响。

3. 理论框架与实证模型

3.1 理论框架

以往文献在研究收入差距或不均等程度对环境污染的影响时，一般都是在传统的环境库兹涅茨曲线模型的基础上加入反映研究对象内部不同群体间的收入差距或不均等程度的指标（Heerink 等，2001；Hao 等，2016）。但是，本章采用的城乡收入差距指标反映的是农村居民与外部群体（即城镇居民）之间的人均收入差距。从本质上讲，农村居民的农药施用是其为了提高自身收入水平的经济行为（Huang 等，2001）。因此，本章在分析城乡收入差距和农村居民人均收入对农药施用强度的影响机理时，将着重探讨农村居民如何根据城乡收入差距程度以及自身人均收入水平对农药施用强度进行调整。

3.1.1 城乡收入差距可能促使农村居民通过直接增加农药等化学品投入来提高农业收入

改革开放以来，中国农村居民人均收入结构发生了深刻变化。农村居民人均工资性收入占人均收入的比重从 1983 的年 18.6% 上升至 2016 年的 40.6%，而经营性收入占比却持续下降（国家统计局，1984，2017）。尽管如此，2016 年农村居民人均经营性收入占比仍高达 38.3%（国家统计局，2017），表明农业生产仍是农村居民的重要收入来源。此外，尽管近年来以种养大户为主的新型农业经营主体不断发展，但是，小农户主导中国农业生产的局面并未发生根本改变（郭庆海，2018）。总体而言，农业生产仍然是农村居民增加收入的主要来源之一（方桂堂，2014）。因此，在城乡收入差距较大时，农村居民可能通过增加农药等化学品投入来提高农作物单产水平，进而通过获得更多的农业生产利润来达到增收的目的（杜江、刘渝，2009）。

3.1.2 城乡收入差距可能促使农村剩余劳动力向非农部门转移从而增加农村居民的非农业收入

改革开放初期，家庭联产成本责任制的实施在促进农业生产率提高的同时，产生了大量的农村剩余劳动力（Ebenstein 等，2011）。20 世纪 80 年代中期以来，在城乡劳动力工资水平悬殊的情况下，大量体力较好和受教育水平较高的农村青壮年劳动力向城镇非农部门转移，这在一定程度上加剧了农业劳动力的老龄化和短缺（胡雪枝、钟甫宁，2012；Li 等，2013）。因此，为了弥补农业劳动力短缺，留守在农村从事农业生产的农村居民会增加农药等化学品投入以提高农作物产量（Ebenstein 等，2011）。

3.1.3 城乡收入差距和农村居民人均收入可能对农药施用强度产生交互影响

正如部分环境经济学文献指出，收入差距对环境质量的影响会因收入水平的不同而产生较大差异（Hao 等，2016）。如前所述，城乡收入差距之所以可能对农药施用强度产生影响，其关键原因在于农村居民希望通过调整农药施用强度来提高农业收入及自身收入水平，并最终缩小同城镇居民在人均收入水平上的差距。但是，在城乡收入差距相同的情形下，农药施用强度仍可能在农村居民人均收入较低和较高的地区存在明显差异。一方面，面临相同的城乡收入差距时，收入水平较高的农村居民的环保意识和自身健康保护意识可能较强（李卫兵、陈妹，2017），从而在农业生产中减少农药施用量（蔡书凯、李靖，2011）。另一方面，在相同城乡收入差距背景下，与收入水平较低的农村居民相比，收入水平较高的农村居民在采用更先进的农药施用技术时所面临的预算约束较弱（沈能、王艳，2016），且采用意愿也较强（黄季焜等，2008）。因此，城乡收入差距和农村居民人均收入可能对农药施用强度产生交互影响。具体而言，农村居民人均收入增长可能减弱城乡收入差距对农药施用强度的正向影响。

3.2 实证模型

为了定量研究城乡收入差距和农村居民人均收入对农业化学品投入的影响，本章首先在环境库兹涅茨曲线假设基础上构建一个计量经济模型，具体如下：

$$\ln P_{it}=\beta_0+\beta_1\ln y_{it}+\beta_2(\ln y_{it})^2+\beta_3 G_{it}+\varphi X_{it}+\gamma_t+a_i+u_{it} \tag{11.1}$$

式中，i 和 t 分别表示第 i 个省（区）和第 t 年；被解释变量 P_{it} 是农药施用强度；解释变量 y_{it} 是农村居民人均收入；G_{it} 是城乡收入差距，X_{it} 是控制变量；γ_t 和 a_i 分别是年份和地区效应，u_{it} 是随机误差项；β_0、β_1、β_2、β_3 和 φ 是待估系数。为了避免数据的异方差性，农药施用强度和农村居民人均收入均取自然对数。

需要说明的是，式（11.1）式并未考虑城乡收入差距和农村居民人均收入对农药施用强度的交互影响；同时式（11.1）也未能考虑相邻年份农药施用强度的动态效应，即当年农药施用强度可能受到上一年农药施用强度的影响（Huang 等，2001；Zhang 等，2015）。因此，本章在式（11.1）的基础上扩展得到动态面板数据模型，模型形式如下：

$$\ln P_{it} = \beta_0+\rho\ln P_{i,\ t-1}+ \beta_1\ln y_{it}+\beta_2（\ln y_{it}）^2+\beta_3 G_{it}+\beta_4（\ln y_{it} \times G_{it}）+\varphi X_{it}+\gamma_t+a_i+u_{it} \quad (11.2)$$

本章采用固定效应模型和随机效应模型对式（11.1）进行回归分析，并采用豪斯曼检验来判断固定效应模型和随机效应模型的优劣性。但是，对式（11.2）进行估计时，固定效应模型和随机效应模型均无法解决变量遗漏和双向因果关系所导致的内生性问题（Semykina 和 Wooldridge，2010）。Arellano 和 Bond（1991）提出差分广义矩估计方法，即借助一阶差分方程剔除不随时间变化的不可观测效应，通过引入内生变量滞后项作为工具变量来解决内生性问题。但是，滞后的内生变量可能存在弱工具变量问题（Baltagi，2008）。为了解决这一问题，Arellano 和 Bover（1995）、Blundell 和 Bond（1998）进一步提出综合了一阶差分方程和水平方程的系统广义矩估计方法。在系统广义矩估计中，内生解释变量滞后项的差分被用来作为内生解释变量滞后项的工具变量。在实际应用中，大量研究表明，当被解释变量具有时间持续性时，系统广义矩估计更优于差分广义矩估计（Bond，2002）。因此，本章采用系统广义矩估计对式（11.2）进行回归分析。

4. 变量设置与数据来源

4.1 变量设置

本章的被解释变量为农药施用强度，核心解释变量为农村居民人均收入和城乡收入差距。结合现有文献（杜江、刘渝，2009；沈能、王艳，2016），本章在计量模型中加入了农业财政支出、上一年农产品生产者价格指数、农作物种植结构和时间趋势项等控制变量。

4.1.1 农药施用强度

本章的被解释变量是农药施用强度，以 1995—2016 年各省（区）单位播种面积农药施用量来衡量。由于统计部门未直接公布该指标，本章使用各省（区）农药施用量除以农作物播种面积来计算单位播种面积农药施用量。各省（区）农药施用量和农作物播种面积数据均来自《中国农村统计年鉴》（1996—2017）。

4.1.2 农村居民人均收入

农村居民人均收入是本研究的核心解释变量之一。2012 年及之前的农村居民人均收入是指农村居民人均纯收入。但是，2013 年国家统计局对城乡住户调查实施一体化改革，开始使用农村居民人均可支配收入替代农村居民人均纯收入，但却未公布两者的具体换算方法。考虑到两者差异较小且变化趋势基本保持一致，本章直接采用农村居民人均可支配收入来衡量 2013—2016 年的农村居民人均收入水平。为了剔除价格变动影响，本章采用 1995—2016 年各省（区）农村居民消费价格指数，把农村居民人均收入换算到 2016 年不变价格水平。其中，农村居民人均纯收入和可支配收入以及农村居民消费价格指数数据均来自《中国统计年鉴》（1996—2017）。

4.1.3 城乡收入差距

城乡收入差距是本章研究的另一核心解释变量。本章采用 1995—2016 年各省（区）城乡居民收入比来衡量城乡收入差距。农村居民人均收入数据均来自《中国统计年鉴》（1996—2017）。1995—2016 年各省（区）城镇居民人均收入水平以城镇居民人均可支配收入来衡量，并根据相应年份的城镇居民消费价格指数换算到 2016 年不变价格水平。其中，城镇居民人均可支配收入和城镇居民消费价格指数数据均来自《中国统计年鉴》（1996—2017）。

4.1.4 农业财政支出

长期以来，国家财政通过多种形式的转移支付支持农业发展，其中，农资综合补贴即指国家财政对农民购买农药等农业生产资料的补贴（杜江、刘渝，2009）。因此，农业财政支出可能通过降低农民购买农药的成本而对农民的农药施用强度产生影响（李江一，2016）。由于政府收支分类科目经历了多次变化，为了保证不同年份农业财政支出数据的可比性，本章根据历次政府收支分类科目对相关数据进行了比对和归类。具体而言，1995—2002 年农业财政支出为支援农业（村）生产支出、农林水利气象等部门事业费和农业综合开发支出三项之和，2003—2006 年农业财政支出为农业支出、林业支出和农林水利气象等部门事业费三项之和，而 2007—2016 年农业财政支出为农林水事务支出。本章采用农村居民消费价格指数把各年的农业财政支出换算到 2016 年不变价格水平，并取自然对数。本章所用农业财政支出数据主要来自《中国统计年鉴》（1996—2017）。但是，《中国统计年鉴》（1996—2017）中 1995 年和 1996 年四川省农业财政支出未扣除重庆市的数据，因此四川省这两年的农业财政支出数据是根据《四川统计年鉴》（1998—1999）的相关数据进行校正后得到的。

4.1.5 上一年农产品生产者价格指数

农村居民在农业生产中的农药使用行为会受农产品生产价格波动的影响。一般而言，农产品价格上涨会诱导农村居民增加农药等农业化学品投入以提高农作物单产。由于统计部门未公布农产品价格数据，且农产品价格变动对农业化学品投入的影响可能存在滞后性，本章采用上一年农产品生产者价格指数（2002 年之前为农产品收购价格指数）作为农产品价格的代理变量。这一变量的数据来源中，1994 年和 2001 年的数据来自各省（区）的统计年鉴，1995—1998 年的数据来自《中国物价及城镇居民家庭收支调查统计年鉴》（1996—1999），1999 年和 2000 年的数据来自《中国价格及城镇居民家庭收支调查统计年鉴》（2000—2001），2002 年的数据来自《中国农产品价格调查年鉴》（2004），2003—2015 年的数据来自国家统计局网站（http://data.stats.gov.cn/index.htm）。

4.1.6 农作物种植结构

各省（区）的农作物种植结构不同，农药施用量也因农作物种植结构的不同而存在较大差异（Huang 等，2001；Zhang 等，2015）。因此，本章引入一组反映农作物种植结构的变量。首先，把农作物分为粮食、蔬菜、油料和其他作物四类；然后，分别计算各类农作物播种面积占各省（区）农作物播种面积的百分比，以此作为农作物种植结构指标。由于上述 4 类农作物播种面积占比之和为 100%，为了避免共线性，本章仅在计量模型中放入蔬菜、油料和其他作物的播种面积占比。相关数据来自国家统计局网站（http：//data.stats.gov.cn/index.htm）。

4.1.7 时间趋势项

除了上述变量之外，本章也引入了时间趋势项来控制技术进步等随时间变化的因素对农药施用强度的影响。

4.2 样本基本情况及变量描述性统计

本章以中国 24 个省（区）为研究区域，北京、上海、天津、重庆、海南、内蒙古和西藏由于数据缺失而未计入研究范围，年份区间为 1995—2016 年。因此，本章采用的是 528 个样本容量的省级面板数据。表 11.1 汇报了主要变量的描述性统计分析结果。

表 11.1 主要变量的描述性统计分析结果

变量名称	单位	平均值	标准差	最小值	最大值
农药施用强度	千克 / 公顷	9.73	6.39	1.15	27.06
农村居民人均收入	元	5 725.74	3 407.03	1 634.95	22 866.07
城乡收入差距		2.81	0.62	1.56	4.92
农业财政支出	亿元	209.51	230.57	5.94	1 026.75
上一年农产品生产者价格指数	%	105.80	11.74	80.30	150.20
粮食作物播种面积占比	%	67.58	11.82	32.81	95.70
蔬菜作物播种面积占比	%	11.07	6.46	1.52	32.97
油料作物播种面积占比	%	9.09	5.87	0.71	34.61
其他作物播种面积占比	%	12.25	9.05	1.42	59.89

5. 实证结果与分析

5.1 城乡收入差距与农药施用强度的关系

图 11.1 为 1995—2016 年 24 个省（区）农药施用强度的箱线图。1995—2016 年，各省（区）农药平均施用强度总体呈现上升趋势。1995 年，24 个省（区）农药平均施用强度仅为 6.9 千克 / 公顷，之后一直呈现上升趋势，2012 年 24 个省（区）农药平均施用强度达到峰值，为 11.7 千克 / 公顷。2013 年以来，农药平均施用强度小幅度下降，尽管 2016 年下降至 11.1 千克 / 公顷，仍与 2007 年水平相当。

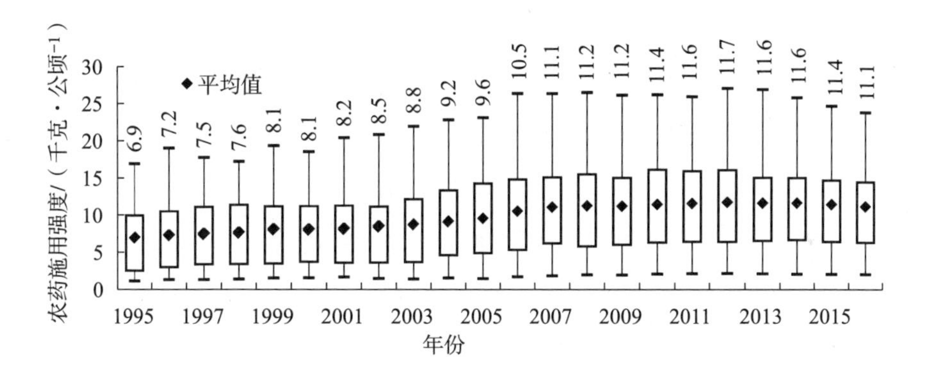

图 11.1　1995—2016 年 24 个省（区）农药施用强度的箱线图

注：图中数字为农药施用强度平均值。

图 11.2 为 1995—2016 年 24 个省（区）城乡收入差距和农药施用强度关系的散点图。总体而言，绝大部分省（区）的城乡收入差距和农药施用强度均呈现明显的正相关。其中，江苏的农药施用强度从 20 世纪 90 年代末以来总体呈现下降趋势，这可能与其大力推广绿色防控技术有关（田子华等，2015），因此该省的城乡收入差距和农药施用强度尽管呈现一定的负相关，但是这种负相关并不明显。

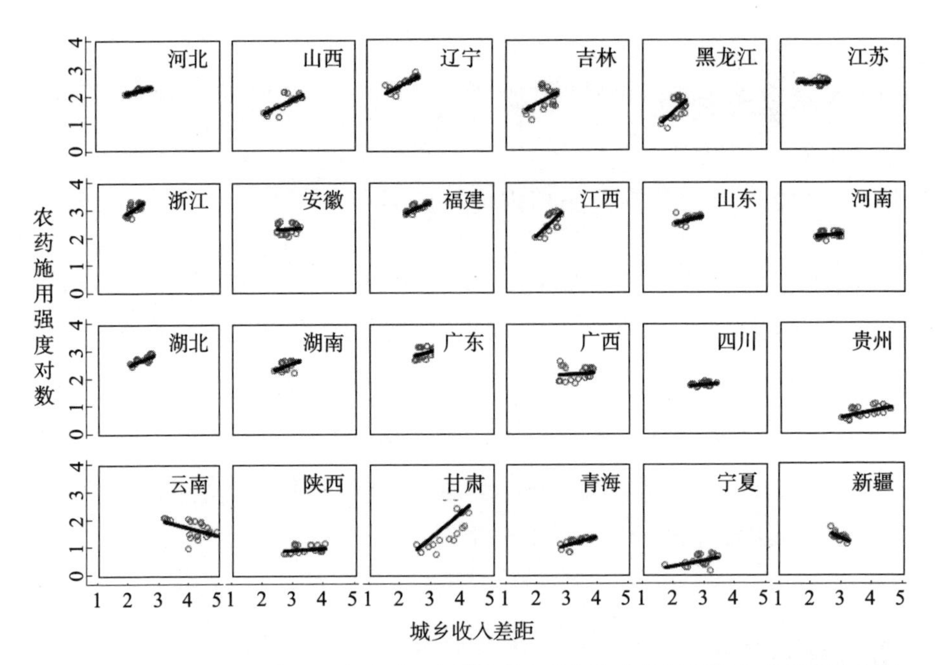

图 11.2 1995—2016 年 24 个省（区）城乡收入差距和农药施用强度关系的散点图

相比而言，新疆的农药施用强度明显上升，但是其城乡收入差距却表现出下降趋势，这可能与对口援疆力度较大有关（王瑞鹏、祝宏辉，2016）。云南的城乡收入差距最高，在 24 个省（区）中唯有云南在 1995—2016 年的平均城乡居民收入比超过 4。但是，自 2004 年以来，云南的城乡收入差距不断缩小，与此同时其农药施用强度却不断提高，从而使得两者呈现明显的负相关。需要说明的是，散点图只是直观地反映了两者之间的关系，并未考虑其他因素对农药施用强度的影响。

5.2 主要计量回归结果

表 11.2 汇报了城乡收入差距和农村居民人均收入对农药施用强度影响的主要计量回归结果。本章首先采用固定效应模型和随机效应模型分别对式（11.1）进行回归分析。豪斯曼检验统计值为 45.63，在 1% 的统计水平上拒绝了随机效应模型中地区效应（a_i）与解释变量不相关的原假设，因此只有固定效应模型的回归结果是一致的。然后，本章采用系统广义矩估计对式（11.2）进行回归分析，并对工具变量进行过度识别检验以及对

扰动项差分进行序列相关检验。过度识别检验统计值为 10.32，接受了所有工具变量不存在过度识别的原假设，表明所有工具变量均有效。一阶序列相关检验统计量值在 1% 的统计水平上拒绝了扰动项差分不存在一阶序列相关的原假设；但是二阶序列相关检验统计值为 1.92，在 5% 的统计水平上接受了扰动项差分不存在二阶序列相关的原假设，因此采用系统广义矩估计对式（11.2）进行回归分析是合理的。

表 11.2　城乡收入差距对农药施用强度影响的回归结果

变量	固定效应模型		系统广义矩估计	
	估计系数	t 统计量	估计系数	t 统计量
农药施用强度滞后项对数 /(千克・公顷 $^{-1}$)			0.70***	5.78
城乡收入差距	0.11**	2.58	0.89**	2.22
农村居民人均收入对数 / 元	4.39***	8.27	3.07***	3.79
农村居民人均收入对数平方 / 元	−0.25***	−9.03	−0.15***	−4.19
城乡收入差距 × 农村居民人均收入对数			−0.09**	−2.18
农业财政支出对数 / 亿元	−0.04	−1.15	−0.02	−0.78
上一年农产品生产者价格指数 /%	0.00	0.75	0.00	0.18
蔬菜作物播种面积占比 /%	−0.00	−1.10	−0.01	−0.94
油料作物播种面积占比 /%	−0.01*	−1.88	−0.00	−0.57
其他作物播种面积占比 /%	−0.01***	−4.30	0.00	0.27
时间趋势项	0.03**	2.29	−0.01	−0.93
常数项	−17.44***	−6.72	−14.86***	−3.47
组内 R^2	0.62			
豪斯曼检验值	45.63***			
过度识别检验值			10.32	
一阶序列相关检验值			−2.90***	
二阶序列相关检验值			1.92*	

注：*、**、*** 分别表示在 10%、5%、1% 的水平上显著。

本章重点考察城乡收入差距对农药施用强度的影响。固定效应模型和系统广义矩估计结果显示，城乡收入差距均显著，且系数为正，表明城乡收入差距扩大会显著提高农药施用强度（见表 11.2）。固定效应模型结果表明，在其他因素不变时，城乡居民收入比每增加 1，农药施用强度将提高 11%（$0.11\times100\%=11\%$）。在系统广义矩估计结果中，城乡收入差距和农村居民人均收入交叉项显著，且系数为负，表明农村居民人均收入增长可以减弱城乡收入差距对农药施用强度的正向影响。根据系统广义矩估计结果，当城乡收入差距对农药施用强度的边际影响为正（即 $0.89-0.09\times\ln y>0$），农村居民人均收入低于 12 688 元时，城乡收入差距对农药施用强度的影响为正；当 $0.89-0.09\times\ln y<0$，即农村居民人均收入高于 12 688 元时，城乡收入差距对农药施用强度的影响则为负。2016 年 24 个样本省（区）农村居民人均收入的平均值为 11 967 元，其中，17 个省（区）的农村居民人均收入低于 12 688 元，只有湖北、辽宁、山东、广东、福建、江苏和浙江的农村居民人均收入高于 12 688 元。因此，对于大部分省（区）而言，城乡收入差距扩大会显著提高农药施用强度。

表 11.2 的计量结果也表明，农村居民人均收入和农药施用强度存在倒“U”形曲线关系，即农药施用强度首先随着农村居民人均收入的增长而提高，而后随着农村居民人均收入的增长而降低。固定效应模型结果显示，农村居民人均收入一次项显著，且系数为正；二次项也显著，且系数为负。当农村居民人均收入对农药施用强度的边际影响为零（即 $4.39-0.25\times2\times\ln y=0$）时，农村居民人均收入（$y$）即为倒“U”形曲线拐点的收入水平，因此可求得倒“U”形曲线拐点的农村居民人均收入为 6 938 元。2016 年 24 个样本省（区）中，甘肃的农村居民人均收入最低，仅为 7 457 元。因此，固定效应模型的结果说明，2016 年所有样本省（区）农村居民人均收入均高于这一倒“U”形曲线拐点的收入水平，这似乎意味着所有样本省（区）的农药施用强度将随着农村居民人均收入的增长进一步下降。需要说明的是，尽管系统广义矩估计的回归结果也表明农村居民人均收入和农药施用强度存在倒“U”形曲线关系，但其拐点的农村居民人均收入与根据固定效应模型结果估算的拐点农村居民人均收入存在较大差异。造成上述差异的主要原因在于：动态面板数据模型加入了城乡收入差距和农村居民人均收入的交叉项，该交叉项显著且系数为负，说明在农村居民人均收入不变时，城乡收入差距的扩大会使得倒“U”形曲线拐

点的农村居民人均收入降低。2016 年，浙江的城乡居民收入比最低，仅为 2.07。如果以 2016 年浙江城乡居民收入比来衡量城乡收入差距，根据表 11.2 中系统广义矩估计结果，当农村居民人均收入对农药施用强度的边际影响为零（即 $3.07-0.15\times2\times\ln y-0.09\times G=0$）时，农村居民人均收入（$y$）即为倒“U”形曲线拐点的收入水平，可得到拐点的农村居民人均收入为 20 236 元。除了浙江以外，其他省（区）的农村居民人均收入均低于 20 236 元，这意味着绝大部分省（区）的农药施用强度在不同程度上将随着农村居民人均收入的增长而继续提高。相比而言，2016 年甘肃的城乡居民收入比 3.45，在所有样本省（区）中是最高的。以 2016 年甘肃城乡收入差距计算的拐点农村居民人均收入为 12 938 元。即使这样，也仅有山东、广东、福建、江苏和浙江的农村居民人均收入高于拐点的收入水平。因此，本章的一个重要发现是，不考虑城乡收入差距和农村居民人均收入对农药施用强度的交互影响，会低估倒“U”形环境库兹涅茨曲线拐点的农村居民人均收入水平，从而可能降低农药减施政策的科学性和合理性。

农作物种植结构对农药施用强度的影响并不明确（见表 11.2）。固定效应模型结果显示，与粮食作物播种面积占比提高 10 个百分点相比，油料作物播种面积占比提高 10 个百分点将使得农药施用强度降低 9%。但是，系统广义矩估计结果显示，该影响并不显著。同时，蔬菜作物播种面积占比也未对农药施用强度产生显著影响。这可能是由于粮食作物与其他非粮作物在播种面积占比上的悬殊。本章 24 个样本省（区）中，粮食作物播种面积占比的平均值达到了 67.58%，远高于其他 3 类农作物播种面积占比平均值（见表 11.1）。尽管不同农作物的农药施用强度存在较大差异，但在播种面积占比悬殊的情况下，省级农药施用强度将主要由粮食作物播种面积占比平均值决定，从而导致其他非粮作物播种面积占比平均值的影响不显著。

5.3 稳健性检验

为了检验上述结果的稳健性，本章采用泰尔指数替代城乡居民收入比作为城乡收入差距的代理变量再次进行计量分析。泰尔指数被广泛应用于衡量不同群体的收入差距或收入不平衡（王少平、欧阳志刚，2008）。本章采用以下公式计算 1995—2016 年样本省（区）的泰尔指数，表达式如下：

$$Th_{it}=UI_{it}/I_{it}\times\ln[(UI_{it}/I_{it})/(UT_{it}/T_{it})]+RI_{it}/I_{it}\times\ln[(RI_{it}/I_{it})/(RT_{it}/T_{it})] \quad (11.3)$$

式中，i 和 t 分别表示第 i 个省（区）和第 t 年；Th_{it} 表示泰尔指数；UI_{it}、RI_{it} 和 I_{it} 分别表示不变价格的城镇居民总收入、农村居民总收入以及城乡居民总收入之和；UT_{it}、RT_{it} 和 T_{it} 分别表示城镇常住人口、农村常住人口以及城乡常住总人口的数量。其中，各省（区）总人口数据来自《中国人口和就业统计年鉴》(2017)，城镇和农村常住人口数据来自国家统计局网站（http://data.stats.gov.cn/index.htm）。

表 11.3 汇报了稳健性检验的回归结果。对于静态面板数据模型，豪斯曼检验结果仍然拒绝了随机效应模型的原假设，表明固定效应模型结果更优。对于动态面板数据模型，过度识别检验和扰动项差分序列相关检验结果均表明采用系统广义矩估计是合理的。

表 11.3　城乡收入差距对农药施用强度影响的稳健性检验回归结果

变量	固定效应模型		系统广义矩估计	
	估计系数	t 统计量	估计系数	t 统计量
农药施用强度滞后项对数 /（千克·公顷 $^{-1}$）			0.75***	5.70
泰尔指数	1.56***	2.91	9.10*	1.95
农村居民人均收入对数 / 元	4.35***	8.33	2.59***	3.27
农村居民人均收入对数平方 / 元	−0.24***	−8.87	−0.13***	−3.30
泰尔指数 × 农村居民人均收入对数			−0.93*	−1.78
常数项	−17.33***	−6.87	−12.20***	−3.18
组内 R^2	0.62			
豪斯曼检验值	44.12***			
过度识别检验值			9.72	
一阶序列相关检验值			−2.95***	
二阶序列相关检验值			1.93*	

注：其他控制变量的回归结果未汇报。*、**、*** 分别表示在 10%、5%、1% 的水平上显著。

表 11.3 中，泰尔指数均显著，且系数为正，再次表明城乡收入差距会显著提高农药施用强度。系统广义矩估计中泰尔指数和农村居民人均收入交叉项显著，且系数为负，也再次表明农村居民人均收入增长会减弱城乡收入差距对农药施用强度的正向影响。具体而言，当泰尔指数对农药施用强度的边际影响为正（即 $9.10-0.93\times\ln y>0$）或为负（即 $9.10-0.93\times\ln y<0$）时，农村居民人均收入分别低于和高于 17 668 元时，城乡收入差距对农药施用强度分别具有正向和负向影响，而 2016 年只有浙江的农村居民人均收入高于 17 668 元。同时，根据固定效应模型结果，当农村居民人均收入对农药施用强度的边际影响为 0（即 $4.35-0.24\times2\times\ln y=0$）时，计算的倒“U”形曲线拐点的农村居民人均收入为 7 697 元。但是，结合系统广义矩估计结果和 2016 年浙江的泰尔指数（0.05），当农村居民人均收入对农药施用强度的边际影响为 0（即 $2.59-0.13\times2\times\ln y-0.93\times Th=0$）时，计算得到拐点的农村居民人均收入为 26 616 元。这意味着，所有省（区）的农村居民人均收入均低于拐点的收入水平。即使以 2016 年甘肃的泰尔指数（0.17）来衡量城乡收入差距，当农村居民人均收入对农药施用强度的边际影响为 0（即 $2.59-0.13\times2\times\ln y-0.93\times Th=0$）时，也仅有江苏和浙江的农村居民人均收入高于拐点的收入水平（16 739 元）。因此，分别以泰尔指数和城乡居民收入比作为城乡收入差距的衡量指标所得到的回归结果一致。这充分说明，本章结果具有较好的稳健性。

6. 结论与启示

本章建立了城乡收入差距和农村居民人均收入对农药施用强度的影响机理，并在 1995—2016 年 24 个省（区）面板数据的基础上，采用固定效应模型和系统广义矩估计对中国城乡收入差距和农村居民人均收入对农药施用强度的影响进行了回归分析。本章主要得出以下结论：城乡收入差距对农药施用强度具有显著的正向影响；农村居民人均收入增长有助于减弱这一正向影响；农村居民人均收入与农药施用强度存在显著的倒“U”形曲线关系；而不考虑城乡收入差距和农村居民人均收入对农药施用强度的交互影响可能低估倒“U”形曲线拐点的农村居民人均收入水平。

上述结论表明，在中国情境下，缩小城乡收入差距与实现农药减施在政策目标上具有较大协同性。为了有效实现农药减施以及农村生态和经济协调发展，政府应建立农村居民收入增长的长效机制，主要包括推动农村劳动力向非农部门转移，加大农业研发力度以推动农业生产力持续提高，以及加强农村劳动力的非农职业技能培训。此外，鉴于城乡收入差距对农药施用强度的正向影响，政府应改革城乡收入分配制度，实施有利于缩小城乡收入差距的收入分配制度。

第 12 章　政府农业技术推广体系改革与粮食生产的农药投入

1. 引言

以往大量研究从不同角度分析了中国农药施用的驱动因素。就农户的个人和家庭特征而言，年龄、性别、受教育程度、收入、劳动力禀赋和农地规模等均可能对农民的农药施用产生影响（Rahman，2003；Pemsl 等，2005；黄季焜等，2008；Beltran 等，2013；Wu 等，2018）。此外，也有研究认为农民的知识和风险偏好是影响其农药施用的重要决定因素（Chen 等，2013；Liu 和 Huang，2013；Khan 等，2015；Gong 等，2016；Jin 等，2017）。部分研究也指出，技术培训和技术采用也会影响农民的农药施用（田云等，2015；应瑞瑶、朱勇，2015）。

政府农业技术推广体系改革与中国的农药施用快速增长存在紧密关系（Hu 等，2009；Zhang 等，2015）。20 世纪 80 年代末的政府农业技术推广体系商业化改革允许基层农业技术推广机构和人员通过销售农药以及其他农业生产资料来增加其业务经费和收入（Hu 等，2009）。尽管商业化改革一定程度上缓解了地方政府的财政压力，但是也严重破坏了政府农业技术推广体系的职能（Huang 等，2001）。具体表现为，几乎所有的基层农业技术推广机构和人员把精力集中在经营创收而非技术推广上（Hu 等，

2009）。在意识到该问题以后，政府于 2006 年启动了新一轮政府农业技术推广体系改革，旨在厘清政府农业技术推广体系的职能，不再允许基层农业技术推广机构和人员参与经营创收活动（Hu 等，2009）。研究表明，尽管新一轮政府农业技术推广体系改革取得了一些积极效果，但是一些历史问题仍然未能得到有效解决，同时也产生了一些新问题（胡瑞法、孙艺夺，2018；孙生阳等，2018）。

以往部分研究认为政府农业技术推广体系改革对中国的农药施用水平存在影响，但是这方面的实证研究仍然不足。本章主要基于全国农产品成本收益数据，建立计量经济模型实证分析政府农业技术推广体系改革对中国水稻、玉米和小麦等三种主要粮食作物生产中农药投入水平的影响。

2. 研究方法和数据

2.1 计量经济模型

为了研究政府农业技术推广体系改革对农药投入的影响，本章构建了一个多元回归模型。具体的模型形式如下所示：

$$\ln X_{it} = \xi_0 + \xi_1 AESR_{it}^{\text{Commercial}} + \xi_2 AESR_{it}^{\text{De-commercial}} + \xi_3 \ln Income_{it} + \xi_4 \ln IP_{it}^{y} + \xi_5 \ln IP_{it}^{x} + \xi_6 Trend_t + \vartheta_i + \varpi_{it} \tag{12.1}$$

式中，i 和 t 分别表示第 i 个省（区）和第 t 年；X 表示单位面积农药投入；$AESR^{\text{Commercial}}$ 和 $AESR^{\text{De-commercial}}$ 分别表示政府农业技术推广体系商业化改革（1989—2005 年）和逆商业化改革（2006—2016 年）的虚拟变量；$Income$ 表示农村居民人均收入；IP^{y} 表示粮食价格指数；IP^{x} 表示农药价格指数；$Trend$ 表示时间趋势项；ϑ 表示各省（区）不随时间变化的个体效应，ϖ 表示随机误差项；ξ_0、ξ_1、ξ_2、ξ_3、ξ_4、ξ_5 和 ξ_6 均为待估系数。

2.2 研究数据

本章研究以水稻、玉米和小麦 3 种主要粮食作物为例，数据范围包括 21 个粮食主产省（区）。其中，水稻主产省（区）14 个，包括辽宁、吉林、黑龙江、江苏、浙江、安徽、福建、江西、湖北、湖南、广东、广西、四川和云南；玉米主产省（区）13个，包括河北、山西、内蒙古、辽宁、吉林、黑龙江、江苏、山东、河南、四川、云南、陕西和新疆；小麦主产省（区）13个，包括河北、山西、黑龙江、江苏、安徽、山东、河南、湖北、四川、云南、陕西、甘肃和新疆。本章研究数据的时间范围是1985—2016年。

农药投入数据来自《全国农产品成本收益资料汇编》(1986—2017)。本章采用的农药价格指数是把历年农药投入折算到1985年不变价格水平。农药价格指数数据来自《中国农村统计年鉴》(1986—2017)。

农村居民人均收入数据来自《中国统计年鉴》(1986—2017)。2012年及之前的农村居民人均收入是指农村居民人均纯收入。2013年国家统计局对城乡住户调查实施一体化改革，开始使用农村居民人均可支配收入替代农村居民人均纯收入，但却未公布两者的具体换算方法。考虑到两者差异较小且变化趋势基本保持一致，本章直接采用农村居民人均可支配收入来衡量2013—2016年的农村居民人均收入水平。为了剔除价格变动影响，本章采用1985—2016年各省（区）农村居民消费价格指数把农村居民人均收入换算到1985年不变价格水平。其中，农村居民消费价格指数数据均来自《中国统计年鉴》(1986—2017)。

粮食和农药价格指数来自《中国统计年鉴》(1986—2017)。本章把1985—2016年粮食和农药价格指数均转换为以1985年为基年，即1985年价格指数为100。其中，粮食价格指数以粮食零售价格指数衡量。

总体而言，本章中水稻、玉米和小麦的样本容量分别为443个、405个和414个。表12.1是本章主要变量的描述性统计分析。

表12.1　主要变量的描述性统计分析

变量	水稻（N = 443）		玉米（N = 405）		小麦（N = 414）	
	均值	标准差	均值	标准差	均值	标准差
单位面积农药投入/(元·公顷$^{-1}$)	114.05	84.04	25.73	23.94	30.27	25.62
农村居民人均收入/元	1 054.75	787.72	955.26	681.15	867.05	641.87
粮食价格指数/%	614.86	373.70	540.35	319.14	552.23	333.98
农药价格指数/%	270.62	71.05	307.04	101.73	297.80	92.51

注：粮食价格和农药价指数格均是以1985年为基年的价格指数。

2.3 粮食生产中的农药投入

1985—2016 年中国粮食生产中农药投入水平大幅度增长。以 1985 年不变价格计算，2016 年水稻、玉米和小麦生产中的单位面积农药投入水平分别为 233.29 元 / 公顷、64.29 元 / 公顷和 69.83 元 / 公顷（见图 12.1）；而 1985 年上述 3 种粮食作物生产中的农药投入水平仅分别为 41.83 元 / 公顷、2.88 元 / 公顷和 6.46 元 / 公顷。换言之，2016 年水稻、玉米和小麦生产中的农药投入水平分别为 1985 年水平的 5.6 倍、22.3 倍和 10.8 倍。

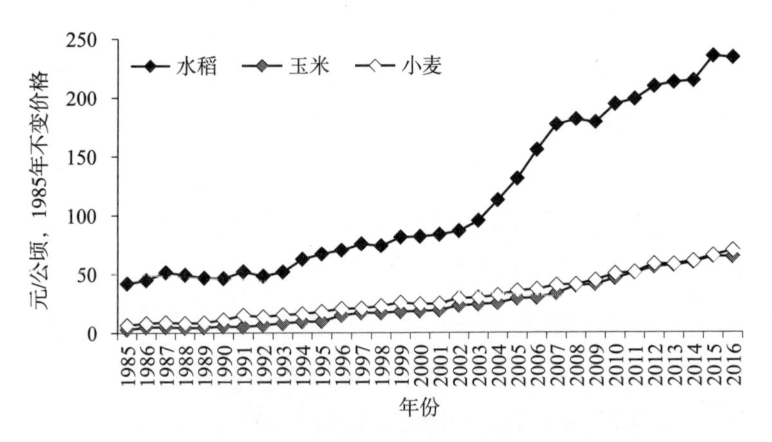

图 12.1　1985—2016 年中国水稻、玉米和小麦单位面积农药投入水平

但是，不同粮食作物生产中的农药投入水平也存在较大差异（见图 12.1）。例如，2016 年水稻生产中的农药投入水平分别为玉米和小麦生产中农药投入水平的 3.6 倍和 3.3 倍。相比而言，玉米生产中的农药投入水平在上述三种粮食作物生产中是最低的。

3. 计量结果与讨论

农药投入模型的计量估计结果如表 12.2 所示。不难看出，三个模型中调整后的 R^2 均大于 0.87，表明本章建立的计量经济模型具有较好的解释力。更为重要的是，几乎所有变量的回归系数正负号、大小和显著性均与预期一致。

表 12.2 农药投入模型的计量估计结果

变量	水稻		玉米		小麦	
	系数	t 统计量	系数	t 统计量	系数	t 统计量
商业化改革（1= 是，0= 否）	0.25**	2.50	0.63***	3.83	0.81***	7.01
逆商业化改革（1= 是，0= 否）	0.55***	4.60	0.47**	2.38	0.72***	5.14
人均收入对数 / 元	−0.09	−0.86	1.09***	5.96	0.50***	4.07
粮食价格对数 /%	0.37***	6.51	0.36***	3.80	0.40***	5.76
农药价格对数 /%	−0.84***	−6.67	−0.62***	−3.09	−0.75***	−5.27
省（区）虚拟变量	是		是		是	
时间趋势项	0.04***	5.05	0.03*	1.66	0.03**	2.45
常数项	6.23***	7.71	−4.52***	−2.96	0.41	0.40
样本容量	443		405		414	
调整后的 R^2	0.87		0.87		0.88	

注：*、** 和 *** 分别表示在 10%、5% 和 1% 的水平上显著。

政府农业技术推广体系商业化改革之后，粮食作物生产中的农药投入水平显著提高（见表 12.1）。在其他因素不变的条件下，政府农业技术推广体系商业化改革时期（1989—2005 年），水稻、玉米和小麦生产中的单位面积农药投入水平分别比商业化改革以前的农药投入水平高 25%、63% 和 81%。该结果再一次证明政府农业技术推广体系的商业化改革显著推高了中国粮食生产中的农药投入水平，与以往研究的结果高度一致（Hu 等，2009；Zhang 等，2015）。2006 年政府农业技术推广体系逆商业化改革改革后，不同粮食作物生产中的农药投入水平呈现不同变化趋势。其中，在水稻农药投入模型中，逆商业化改革虚拟变量的回归系数在 1% 的水平上显著为正且大于商业化改革虚拟变量的回归系数，意味着政府农业技术推广体系逆商业化改革改革后水稻生产中的农药投入水平进一步增加。但是，在玉米和小麦生产的农药投入却呈现出不一样的变化趋势。具体而言，逆商业化改革虚拟变量的回归系数尽管也显著为正，但小于商业化改革虚拟变量的回归系数，表明政府农业技术推广体系逆商业化改革后，玉米和小麦生产的农药投入水平尽管仍然高于商业化改革以前的水平，但是相比于商业化改革时期有所下降。

上述不同粮食作物生产中的农药投入变化差异可能与农民在不同粮食作物生产中对农药的依赖程度不同有关。1985—2016 年，中国水稻生产中的农药平均投入水平分别是玉米和小麦生产中农药平均投入水平的 4.5 倍和 3.8 倍，表明中国农民在水稻生产中对农药的依赖程度可能明显高于其在玉米和小麦生产中对农药的依赖程度（Zhang 等，2015）。由于玉米和小麦生产中的农药投入水平本身就比较低，因此政府农业技术推广体系的逆商业化改革反而可以在一定程度上减少玉米和小麦生产中的农药投入。与此同时，水稻生产中的农药投入水平由于农民对其过度依赖而继续提高（饶静、纪晓婷，2011）。无论如何，需要说明的是尽管 2006—2016 年期间玉米和小麦生产中的农药投入相比于 1989—2005 年期间有所下降，但其仍然显著高于政府农业技术推广体系商业化改革以前的水平。导致这个结果的根本原因可能在于政府农业技术推广体系的逆商业化改革在改善政府农业技术推广服务效率方面的作用仍然不足（胡瑞法、孙艺夺，2018；孙生阳等，2018）。

农村居民人均收入水平是影响玉米和小麦生产中农药投入水平的重要因素（见表 12.2）。在其他因素不变的条件下，农村居民人均收入水平每增长 10%，将导致玉米和小麦生产中的农药投入水平分别增加 10.9% 和 5%。这就意味着，对于部分农民而言，在玉米和小麦生产中的农药投入受到一定程度的预算约束，因此家庭收入水平的提高有助于其在玉米和小麦生产中提高农药投入水平。事实上，以往部分研究也得到了类似的研究结果（Rahman，2003；Beltran 等，2013）。

粮食作物和农药的价格波动显著影响粮食作物生产中的农药投入（见表 12.2）。当以 1985 年为基年来计算粮食作物和农药的价格指数，且其他因素不变的条件下，粮食作物价格每增加 10%，则会导致水稻、玉米和小麦生产中的单位面积农药投入分别增加 3.7%、3.6% 和 4%；而农药价格每增加 10%，则会导致水稻、玉米和小麦生产中的单位面积农药投入分别下降 8.4%、6.2% 和 7.5%。这些研究发现与以往研究结果高度一致，即农产品价格上涨将诱导农民投入更多的农药，而农药价格上涨将抑制农民投入更多的农药（Hou 等，2012；Chen 等，2013；Liu 和 Huang，2013）。

4. 结论与政策建议

本章主要分析了政府农业技术推广体系改革对中国水稻、玉米和小麦等三种主要粮食作物生产中农药投入水平的影响。结果发现，政府农业技术推广体系的商业化改革显著提高了水稻、玉米和小麦生产中的农药投入水平，并且 2006 年以来的政府农业技术推广体系逆商业化改革在农药减施增效方面的作用并不明显。除此之外，粮食价格对农药投入水平具有显著的正向影响，而农药价格对农药投入具有显著的负向影响。在玉米和小麦生产中，农药投入水平也受到预算约束的影响，因此更高的农村居民人均收入水平将导致更高的农药投入。

总体而言，本章的研究结论对推进中国的农药减施增效具有两个方面的重要政策启示。首先，20 世纪 80 年代末开始的政府农业技术推广体系商业化改革是农药滥用和过量施用的重要原因（Hu 等，2009）。尽管 2006 年以来的政府农业技术推广体系逆商业化改革取得了一些积极效应，但是其对于农药减施增效的积极效应十分有限。在这种情况下，应该进一步深化政府农业技术推广体系改革，主要是明确政府农业技术推广机构和人员的职能。此外，政府应采取一些有效政策措施支持和鼓励农业社会化技术服务体系的发展以满足不同特点的农业经营主体的农药施用技术需求。其次，应加强农业供给侧结构性改革，并推动粮食和农药价格由市场决定。由于人口众多但耕地偏少，中国政府长期采用促进粮食产量增长的农业政策组合来保障国家粮食安全（Huang 等，2001）。为了激发和保护广大农民的种粮积极性，政府不仅持续提高粮食的最低收购价，并且压制农药等农业生产资料价格的提高（葛继红、周曙东，2012）。这些政策措施都是导致农药投入水平不断提高以及农药过量投入的重要政策原因。因此，本章认为政府应采取切实措施消除对粮食和农药价格的行政干预，为促进农药减施增效营造良好的政策和制度环境。

第 13 章　政府农业技术推广部门病虫害防治干预的农药减施效果

1. 引言

长期以来，农药过量施用构成中国农业可持续发展面临的严重挑战之一。作为全世界最大的农药施用国，中国的单位面积农药施用量为世界平均水平的 2.5~5 倍（邱德文，2011）。农药过量施用不仅提高了农业生产成本，也造成了生态、环境和健康等多方面的严重负外部性（黄慈渊，2005；Zhang 等，2015）。因此，在当前背景下，在农业生产中有效减少农药施用量是推动农业供给侧结构性改革和实施乡村振兴战略的重要政策目标和实现农业可持续发展的关键途径。

农民缺乏相应的病虫害防治和农药施用技术可能是其过量施用农药的重要原因。政府农业技术推广部门及其技术推广服务曾经是农民获取包括病虫害防治技术在内的绝大多数农业生产技术的最主要来源渠道，但是 20 世纪 80 年代开始的商业化改革严重削弱了政府农业技术推广体系的服务职能（Hu 等，2009）。尽管 2006 年以来新一轮政府农业技术推广体系改革取得了一些积极成效，但是尚未根本解决农民获取农业生产技术难的问题（胡瑞法、孙艺夺，2018）。与此同时，在中国农业生产组织结构和农户的技术需求均发生深刻变化的背景下，加强政府农业技术推广服务是否有助于推动农药减施成为亟待回答的问题，科学评估和准确回答该问题对于理解中国政府农业技术推广部门目前仍然存在的问题，以及将来如何深化政府农业技术推广体系改革，从而构建满足农民多样化需求的“一主多元”的农业技术推广服务体系具有重要政策意义。

本章基于2012—2014年在广东、江西和河北3个省开展的一项随机干预试验数据，采用双重差分模型实证研究政府农业技术推广部门提供的病虫害防治干预的农药减施效果，并在此基础上对实证研究结果进行合理性解释和讨论，并最终提出促进农业减施增效的政策建议。

2. 文献综述

厘清农药施用尤其是过量施用行为的影响因素是推动农药减施的重要基础，国内外学者围绕该问题开展了较多有益的研究。总体而言，大多数研究文献分析了性别、年龄、教育、收入、劳动力以及种植规模与结构等个人和家庭特征对农民农药施用行为的影响（Rahman，2003；Beltran等，2013）。也有部分文献重点考察了农民的知识及风险认知与偏好对其农药施用行为的影响，主要认为较低的知识水平、较低的风险偏好程度可能导致农民在农业生产中施用更多的农药施用（黄季焜等，2008；米建伟等，2012；Liu和Huang，2013）。从市场因素角度看，农产品、农药及其替代品价格等也会影响农民的农药施用量（Zhao等，2018）。

农药施用技术是影响农药施用行为的关键因素，而技术推广和培训是农民获取技术的重要渠道，国内外学者围绕技术推广和培训对农药施用的影响开展了较多研究。在国外的研究中，Goodhue等（2010）采用面板选择模型研究了生物综合果园系统项目培训对美国加利福尼亚州杏树种植者使用环境低损农药替代有机磷类农药的影响，结果显示相关培训显著减少有机磷类农药施用。但是，对印度2008—2010年病虫害综合防治项目培训实施的效果评估表明，农药施用量未见显著下降（Sharma和Peshin，2016）。一项关于孟加拉国西南部淡季番茄生产培训对于小农户农药施用影响的研究显示，经过生产培训农户的农药施用量显著增加了56%（Schreinemachers等，2016）。国内学者也开展了较多相关研究。早期的研究认为，向农民提供更多的农业技术推广服务并不能显著减少其农药施用量（Huang 等，2003）。朱淀等（2014）在测度水稻种植户农药过量施用程度的基础上，分析了农户过量施用农药的影响因素，结果显示参加过政府组织或机构举办的农药知识培训可以显著降低农户过量施用农药的可能性。应瑞瑶、朱勇（2015）采用实验经济学方法分析了不同培训方式的效果，认为农技培训具有显著的农药减施效果，但是不同培训方式的效果有所差异。

在过去的较长时期内，政府农业技术推广部门曾经是中国农民获取农业技术的最主要来源渠道，但是政府农业技术推广服务职能也随着历次改革不断发生变化，学术界围绕政府农业技术推广体系改革进行了大量深入研究。为了应对农业技术推广队伍规模的大幅扩张对地方政府财政的巨大压力，20 世纪 80 年代中国开始了基层农业技术推广体系的商业化改革。研究表明，尽管商业化改革通过允许基层农业技术推广人员从事经营创收在一定程度上缓解了地方财政压力，但却严重削弱了政府农业技术推广部门的服务职能（胡瑞法等，2004）。在此背景下，广大农户难以从政府农业技术推广部门获得及时的技术服务。为了解决商业化改革导致的严重负面效应，2004 年以来中国政府开始新一轮政府农业技术推广体系改革，终止了基层农业技术推广人员的商业化行为。研究表明，新一轮农业技术推广体系改革取得了一些积极成效，但是农业技术推广服务行政化强化、激励机制缺失以及人事适度改革不完全等问题仍然十分突出（胡瑞法、孙艺夺，2018）。

3. 随机干预试验与数据

为了实证分析政府农业技术推广部门病虫害防治干预的农药减施效果，本章设计了一项随机干预试验，通过比较干预前后干预组农药施用量变化和对照组农药施用量变化的差异来识别病虫害防治干预的效果。本部分首先介绍干预组和对照组农户的样本选取方法和过程，在此基础上进一步阐述随机干预试验的设计原则和主要内容，最后给出主要研究数据的获取方法和描述性分析。

3.1 样本选取

随机干预试验的执行期为 2012—2014 年。为了使本研究结果具有广泛代表性，我们在 2012 年选取研究区域时充分考虑了不同地区单位面积农药施用量的差异。按照单位播种面积农药施用量，我们首先把全国省（区、市）划分为单位面积农药施用量较高、居中和较低三类，然后在每一类中分别随机选取了广东、江西和河北作为研究省份。根据统计部门数据计算可得，2011 年广东、江西和河北的单位播种面积农药施用量分别为 24.3 千克 / 公顷、18.2 千克 / 公顷和 9.7 千克 / 公顷。在上述省份，我们随机选取两个县（市、区）。其中，广东选取了廉江市和徐闻县，江西选取了九江县（今为九江市柴桑区）和九江经济开发区，河北选取了河间市和清河县。为了满足随机干预试验的要求，我们首先在每个县（市、区）随机确定一个村作为干预村。对照村的选择需要满足如下两个要求：

（1）农业生产结构和经济发展水平与干预村大致相当，从而保证干预村和对照村的农药施用满足平行趋势；（2）地理距离与干预村相近但不相邻，进而确保干预村和对照村的农作物病虫害发生情况大致相当，同时避免病虫害防治干预方案在干预村和对照村的溢出效应。

在确定干预村和对照村的基础上，我们在每个试验村按照随机抽样原则选取 20~25 户农户作为试验农户，并且确定每户农业生产的主要决策人作为随机干预试验的参与人。需要说明的是，江西九江经济开发区两个试验村的所有农户由于随机抽样后政府开展土地征收而退出样本，从而使得 2012 年干预前的研究样本量减少为 203 个。2013 和 2014 年由于部分农户不能提供农药施用信息以及未能完整参加技术培训等原因均存在一定程度的样本损耗。表 13.1 为 2012—2014 年随机干预试验的样本分布。

表 13.1　2012—2014 年随机干预试验的样本分布　　单位：个

分组	2012 年	2013 年	2014 年	总计
干预组	101	93	85	279
对照组	102	95	86	283
总计	203	188	171	562

3.2 试验设计

2012 年，我们对上述所有干预组和对照组的样本农户进行基本信息问卷调查，并且跟踪记录当年样本农户的农作物种植和每一次农药施用的具体情况作为随机干预试验的基线数据。2013 和 2014 年，我们开始对干预组的样本农户进行农作物病虫害防治培训，而对对照组样本农户我们不采取任何病虫害防治干预措施。干预村的病虫害防治培训由样本县（市、区）当地的政府农业技术推广人员承担，并且在整个随机干预试验期间不更换承担病虫害防治培训的技术推广人员。为了调动技术推广人员的积极性，我们给每位技术推广人员一定金额的劳务补贴。具体而言，根据不同地区种植特点的差异，承担技术培训的技术推广人员在每年的种植季节中每 1 个月或 2 个月到干预村召集样本农户集中开展病虫害防治培训，我们安排专人参加培训并详细记录每一次技术培训的出勤和具体培训情况。具体培训内容由承担培训的技术推广人员根据当地农作物种植特点和病虫害发生情况自主设计。

3.3 数据获取和描述性分析

本章数据主要通过两种方法获取。样本农户的家庭情况和主要农业决策人的个人情况通过问卷调查得到。2012 年年初进行基线调查时，我们通过问卷调查获取了所有样本农户的家庭特征，包括家庭劳动力、土地经营、农作物种植等信息，同时获取了农户主要农业决策人的个人特征，包括姓名、性别、年龄、受教育情况等。此后，每年种植季节结束或下一年种植季节开始之前，我们再次对上述信息进行更新调查。此外，我们在整个随机干预试验期间对所有样本农户的农药施用信息进行跟踪记录。具体而言，从 2012 年基线调查开始，我们将一份包含“农药施用情况登记表”的定制挂历赠送给每一户样本农户作为礼物，并且要求样本农户在每一次农药施用结束后当天对农药施用的具体情况进行详细记录。需要记录的信息包括施药人姓名、施药日期、施药时长、目标农作物、喷雾器类型以及所施用每种农药的化学名称、有效成分比例、施用量和价格等。

为了保证样本农户记录农药数据的准确性和完整性，我们每年组织若干次农药施用信息登记培训，指导农民进行正确的农药施用信息登记，同时在每次技术培训时组织课题组成员对农户的记录情况进行检查，并对不正确和不完整的记录进行更正。为了避免农药数据的遗失，每次检查都要求课题组成员将补充、更正后的农药施用信息记录备份。此外，我们还要求样本农户保留所施用农药的包装以便核对信息。

表 13.2 总结了 2012 年干预组和对照组样本农户的单位面积农药施用量和基本特征的情况。除了单位面积农药施用量和年龄外，其他变量均不存在显著差异，表明干预组和对照组样本农户总体无显著差异。

表 13.2　2012 年干预组和对照组单位面积农药施用量和基本特征

变量	全部	干预组	对照组	干预组 – 对照组
单位面积农药施用量 /（千克・公顷 $^{-1}$）	9.17	10.96	7.40	3.56（1.79）*
男性（1= 是，0= 否）	0.69	0.68	0.71	–0.02（–0.35）
年龄 / 岁	51.42	49.86	52.97	–3.11（–2.14）**
小学以上（1= 是，0= 否）	0.20	0.24	0.17	0.07（1.26）
村干部（1= 是，0= 否）	0.13	0.11	0.15	–0.04（–0.81）
耕地面积 / 公顷	0.93	0.97	0.89	0.08（0.45）
劳动力数量 / 人	3.47	3.61	3.33	0.28（1.37）
非农劳动力比例 /%	29.39	32.30	26.51	5.79（1.48）
样本容量 / 个	203	101	102	

注：括号内为 t 统计量。*、** 和 *** 分别表示在 10%、5% 和 1% 的水平上显著。

4. 干预前后农药施用量变化

为了观察病虫害防治干预的效果，我们计算了病虫害防治干预前后干预组和对照组的单位面积农药施用量变化，如表 13.3 所示。2012 年，干预组样本农户的平均单位面积农药施用量为 10.96 千克 / 公顷，比对照组样本农户高 3.56 千克 / 公顷。2013 和 2014 年，干预组样本农户的平均单位面积农药施用量分别下降至 8.59 千克 / 公顷和 9.65 千克 / 公顷，分别较2012年下降了2.37千克/公顷和1.31千克/公顷。与此同时，对照组样本农户的平均单位面积农药施用量则分别上升至8.82千克/公顷和8.12千克/公顷，分别较2012年上升了1.42千克/公顷和0.72千克/公顷。因此，表13.3的计算结果直观地表明，政府农业技术推广部门对干预组样本农户提供的病虫害防治培训似乎有助于农户减少单位面积农药施用量。但需要说明的是，简单计算双重差分量来评估技术干预的效果是不科学的，主要在于没有考虑其他多方面因素对单位面积农药施用量的影响。

表13.3　2012—2014年病虫害防治干预前后单位面积农药施用量变化

分组	2012年	干预后		干预前后差分	
		2013年	2014年	2012—2013年	2012—2014年
干预组/（千克·公顷$^{-1}$）	10.96	8.59	9.65	−2.37	−1.31
对照组/（千克·公顷$^{-1}$）	7.40	8.82	8.12	1.42	0.72
干预组差分−对照组差分				−3.79	−2.03

注：农药施用量单位为千克/公顷。

5. 实证模型和结果

上述分析未能控制其他因素影响，难以准确评估政府农业技术推广部门病虫害防治干预对单位面积农药施用量的影响。因此，本章首先建立一个双重差分模型作为评估病虫害防治干预净效果的主要分析工具，然后汇报并分析双重差分模型的计量结果，并对计量结果进行稳健性检验，最后对计量结果进行解释和讨论。

5.1　双重差分模型

为了在控制其他因素条件下准确评估政府农业技术推广部门病虫害防治干预的净效果，本章构建了一个被广泛应用于进行政策效应评估的双重差分模型。为了方便分析，我们首先考虑一个没有控制变量的双重差分模型如下：

$$P_{it}=\beta_0+\beta_1\times Intervention_i+\beta_2\times Year_t+\beta_3\times(Intervention_i\times Year_t)+u_{it} \quad (13.1)$$

在式（13.1）中，被解释变量 P_{it} 为第 i 个农户在第 t 年的单位面积农药施用量。在解释变量中，$Intervention_i$ 为干预组虚拟变量（1= 干预组，0= 对照组），$Year_t$ 为年份虚拟变量（1= 干预后，0= 干预前），$Intervention_i\times Year_t$ 为干预组虚拟变量和年份虚拟变量交叉项。u_{it} 为随机扰动项，β_0、β_1、β_2 和 β_3 为待估系数。

据此我们可以计算干预组和对照组在干预前和干预后的单位面积农药施用量的平均水平。具体如下：

$$\bar{P}(\text{干预组，干预前})=\beta_0+\beta_1\times1+\beta_2\times0+\beta_3\times1\times0=\beta_0+\beta_1 \quad (13.2)$$

$$\bar{P}(\text{干预组，干预后})=\beta_0+\beta_1\times1+\beta_2\times1+\beta_3\times1\times1=\beta_0+\beta_1+\beta_2+\beta_3 \quad (13.3)$$

$$\bar{P}(\text{对照组，干预前})=\beta_0+\beta_1\times0+\beta_2\times0+\beta_3\times0\times0=\beta_0 \quad (13.4)$$

$$\bar{P}(\text{对照组，干预后})=\beta_0+\beta_1\times0+\beta_2\times1+\beta_3\times0\times1=\beta_0+\beta_2 \quad (13.5)$$

在式（13.2）、式（13.3）、式（13.4）和式（13.5）的基础上，我们可以分别计算出病虫害防治干预前后干预组和对照组平均单位面积农药施用量的变化如下：

$$\Delta\bar{P}(\text{干预组})=\bar{P}(\text{干预组，干预后})-\bar{P}(\text{干预组，干预前})=(\beta_0+\beta_1+\beta_2+\beta_3)-(\beta_0+\beta_1)=\beta_2+\beta_3 \quad (13.6)$$

$$\Delta\bar{P}(\text{对照组})=\bar{P}(\text{对照组，干预后})-\bar{P}(\text{对照组，干预前})=(\beta_0+\beta_2)-\beta_0=\beta_2 \quad (13.7)$$

在式（13.6）和式（13.7）基础上，我们可以进一步计算干预组和对照组的单位面积农药施用量变化的差值，即双重差分量（*DID*），从而得到病虫害防治干预对单位面积农药施用量影响的净效果：

$$DID=\Delta\bar{P}(\text{干预组})-\Delta\bar{P}(\text{对照组})=(\beta_2+\beta_3)-\beta_2=\beta_3 \quad (13.8)$$

通过上述推导可知，干预组虚拟变量和年份虚拟变量交叉项的系数 β_3 就是病虫害防治干预的净效果。换言之，我们可以通过对式（13.1）进行估计得到该交叉项系数，并以此来评估政府农业技术推广部门病虫害防治干预的净效果。但是，式（13.1）并未将其他可能影响单位面积农药施用量的因素考虑在内，因此我们在式（13.1）的基础上加入其他控制变量得到式（13.9），如下：

$$P_{it}=\beta_0+\beta_1\times Intervention_i+\beta_2\times Year_t+\beta_3\times(Intervention_i\times Year_t)+Z\varphi+u_{it} \quad (13.9)$$

式中，Z 是影响单位面积农药施用量的其他控制变量，φ 为控制变量的待估系数，其他变量和符号定义如式（13.1）。具体而言，本章在对式（13.9）进行计量估计时，主要考虑了4组控制变量：（1）农业决策人的个人特征，包括性别、年龄、受教育程度和是否担任村干部；（2）家庭特征，包括家庭经营的耕地面积、劳动力和非农劳动力比例；（3）农作物种植结构，包括水稻、玉米、小麦、棉花和其他果蔬5种农作物虚拟变量，主要控制不同农作物的农药需求差异；（4）村虚拟变量，主要控制不同地区的病虫害发生差异。

5.2 估计结果

本章采用考虑聚类稳健标准误的普通最小二乘法对双重差分模型进行计量估计，以此解决可能存在的异方差和序列相关问题。为了识别政府农业技术推广部门病虫害防治干预的农药减施效果在小户和大户之间的差异，我们分别对小户和大户子样本进行计量估计。需要说明的是，本章中采用的小户和大户分类标准共有两套：（1）家庭耕地面积在1公顷（15亩）以下的农户定义为小户，而家庭耕地面积在1公顷及以上的农户定位为大户；（2）家庭耕地面积在1.33公顷（20亩）以下的农户定义为小户，而家庭耕地面积在1.33公顷及以上的农户定义为大户。在把农户分为小户和大户之后，计量估计结果如表13.4所示。

表13.4 病虫害防治干预对单位面积农药施用量的影响（全样本）

变量	全样本	小户：耕地面积 < 1公顷		小户：耕地面积 < 1.33公顷	
		小户	大户	小户	大户
干预组（1=是，0=否）	8.78*	10.68**	−30.81**	6.87	−61.08***
	（1.69）	（2.60）	（−2.36）	（1.41）	（−3.74）

续表

变量	全样本	小户：耕地面积 < 1 公顷		小户：耕地面积 < 1.33 公顷	
		小户	大户	小户	大户
2013 年（1= 是，0= 否）	1.04 （0.60）	1.05 （0.47）	2.57 （1.05）	1.16 （0.55）	2.46 （0.78）
2014 年（1= 是，0= 否）	1.89 （1.16）	2.35 （1.14）	2.44 （0.82）	1.98 （1.16）	3.01 （0.67）
干预组 × 2013 年	−3.59 （−1.33）	−6.22* （−1.78）	0.95 （0.23）	−6.06* （−1.97）	11.42* （1.88）
干预组 × 2014 年	−2.93 （−1.13）	−5.51 （−1.65）	−1.75 （−0.40）	−4.69 （−1.61）	−6.89 （−1.12）
男性（1= 是，0= 否）	−3.00* （−1.79）	−2.11 （−1.14）	−8.13** （−2.62）	−2.10 （−1.24）	−7.13* （−1.92）
年龄 / 岁	0.22*** （3.34）	0.25*** （3.27）	0.25** （2.00）	0.21*** （3.08）	0.50** （2.49）
小学以上（1= 是，0= 否）	−0.07 （−0.05）	−0.48 （−0.29）	0.68 （0.31）	−0.44 （−0.33）	4.26 （1.08）
村干部（1= 是，0= 否）	−1.05 （−0.82）	−0.84 （−0.53）	−3.42 （−1.45）	−0.44 （−0.31）	−10.09** （−2.15）
耕地面积 / 公顷	0.96 （0.59）	−2.28 （−0.64）	0.94 （0.60）	−2.21 （−0.91）	2.54** （2.17）
劳动力数量 / 人	0.09 （0.22）	0.37 （0.72）	−0.74 （−1.22）	0.15 （0.34）	−0.36 （−0.46）
非农劳动力比例 /%	−0.07*** （−2.95）	−0.07** （−2.41）	−0.01 （−0.60）	−0.07** （−2.56）	0.01 （0.44）
农作物虚拟变量	是	是	是	是	是
村虚拟变量	是	是	是	是	是
常数项	−2.44 （−0.52）	−8.28 （−1.58）	22.80** （2.05）	−4.91 （−1.03）	30.77** （2.07）
样本容量 / 个	562	413	149	475	87
调整的 R^2	0.12	0.10	0.38	0.11	0.61

注：括号内为 t 统计量。*、** 和 *** 分别表示在 10%、5% 和 1% 的水平上显著。

从全样本范围看，政府农业技术推广部门的病虫害防治干预无论在短期还是在长期均未产生显著的农药减施效果。无论干预组虚拟变量和2013年虚拟变量的交叉项还是和2014年虚拟变量的交叉项的系数均未能达到显著水平，表明在控制其他因素条件下，干预组农户接受政府农业技术推广部门病虫害防治干预后的单位面积农药施用量变化和对照组农户的单位面积农药施用量变化不存在显著差异，从而意味着政府农业技术推广部门的病虫害防治干预在全样本范围内未产生显著的农药减施效果。

但是通过子样本回归结果发现，政府农业技术推广部门病虫害防治干预在短期内对小户和大户单位面积农药施用量的影响存在明显差异。在控制其他因素条件下，耕地面积低于1公顷（15亩）的小户中，2013年干预组单位面积农药施用量比对照组降低了6.22千克/公顷，但是干预组和对照组大户单位面积农药施用量的变化不存在显著差异。类似地，在耕地规模低于1.33公顷（20亩）的小户中，相对于对照组而言，2013年干预组单位面积农药施用量降低了6.06千克/公顷；但是在耕地规模在1.33公顷及以上的大户中，干预组单位面积农药施用量却比对照组增加了11.42千克/公顷。这说明，病虫害防治干预可以在短期内显著促使小户降低单位面积农药施用量，但是对大户的农药减施效果不显著，甚至可能导致大户提高其单位面积农药施用量。

从长期角度看，政府农业技术推广部门的病虫害防治干预对小户和大户均未产生显著的农药减施效果。尽管病虫害防治干预在短期内对小户和大户的农药减施效果存在差异，但是表13.4中所有干预组虚拟变量和2014年虚拟变量交叉项的回归系数均未达到显著水平，表明无论是对小户还是大户，政府农业技术推广部门的病虫害防治干预在长期内均未显著影响农户的单位面积农药施用量。结合短期和长期的计量结果，我们可知政府农业技术推广部门的病虫害防治干预可能在短期内对小户具有一定的农药减施效果，但是对大户不存在明显的农药减施效果，同时这种短期效果在长期范围内不可持续。

部分农业决策人的个人特征和家庭特征等因素也会对单位面积农药施

用量产生影响。在控制其他因素条件下，农业决策人为男性的农户其单位面积农药施用量较女性决策人的农户低 3 千克 / 公顷（见表 13.4）。进一步分析发现，这种差异主要体现在大户中，而小户中农业决策人的性别对单位面积农药施用量不存在显著影响。此外，无论是全样本还是子样本计量结果中，年龄的回归系数显著为正，表明农业决策人年龄和单位面积农药施用量之间存在正相关关系。在农户家庭特征中，家庭非农劳动力比例越高的农户其单位面积农药施用量越低。在控制其他因素条件下，小户的家庭非农劳动力比例每增加 10 个百分点，其单位面积农药施用量则降低 0.7 千克 / 公顷。可能的解释是，对小户而言家庭非农劳动力比例高代表农业生产在家庭增收中的重要性下降，从而降低了小户通过增加农药施用量来提高农作物产量的积极性。

5.3　稳健性检验

为了检验上述结果的稳健性，我们在进行计量估计时已经进行了两种尝试。首先，我们比较了不考虑农业决策人与家庭特征和考虑上述特征的计量结果，发现两种计量结果中反映病虫害防治干预效果的交叉项系数的正负号、显著性及大小保持高度一致。其次，在上述分析中，我们也采取了不同标准进行了小户和大户的划分，其计量结果也几乎一致，再次验证了本章结果的稳健性。为了进一步加强稳健性检验，本部分将分别单独估计病虫害防治干预的短期和长期农药减施效果。为此，我们首先使用 2012 年干预前数据和 2013 年干预后数据单独估计病虫害防治干预的短期农药减施效果，结果如表 13.5 所示；然后使用 2012 年干预前数据和 2014 年干预后数据单独估计病虫害防治干预的长期农药减施效果，结果如表 13.6 所示。不难看出，表 13.5 和表 13.6 的计量结果中反映病虫害防治干预效果的干预组虚拟变量和年份虚拟变量交叉项回归系数的正负号、显著性和大小与表 13.4 中的结果保持一致，从而再次验证了本章结果的稳健性。

表 13.5 病虫害防治干预对单位面积农药施用量的短期影响

变量	2012 年 /2013 年样本	小户：耕地面积 < 1 公顷		小户：耕地面积 < 1.33 公顷	
		小户	大户	小户	大户
干预组（1= 是，0= 否）	9.31*** （3.16）	7.58 （1.41）	−36.91** （−2.35）	6.34 （1.29）	−76.68*** （−9.37）
2013 年（1= 是，0= 否）	1.11 （0.61）	1.29 （0.56）	3.15 （1.08）	1.40 （0.65）	4.86* （1.73）
干预组 × 2013 年	−3.71 （−1.36）	−6.23* （−1.75）	−1.53 （−0.36）	−6.33** （−2.03）	8.20 （1.39）
常数项	−5.45 （−0.99）	−10.04* （−1.67）	41.60** （2.31）	−5.72 （−1.06）	57.37*** （5.02）
样本容量 / 个	391	111	280	62	329
调整的 R^2	0.09	0.48	0.07	0.75	0.08

注：其他控制变量回归结果未汇报。括号内为 t 统计量。*、** 和 *** 分别表示在 10%、5% 和 1% 的水平上显著。

表 13.6 病虫害防治干预对单位面积农药施用量的长期影响

变量	2012 年 /2014 年样本	小户：耕地面积 < 1 公顷		小户：耕地面积 < 1.33 公顷	
		小户	大户	小户	大户
干预组（1= 是，0= 否）	11.80** （1.98）	6.48 （1.06）	−17.41* （−1.90）	5.07 （1.48）	−46.16*** （−2.90）
2014 年（1= 是，0= 否）	1.76 （1.17）	2.19 （1.05）	3.68 （1.35）	1.43 （0.81）	−0.24 （−0.07）
干预组 × 2014 年	−3.08 （−1.21）	−5.54 （−1.65）	−0.76 （−0.24）	−4.45 （−1.51）	0.05 （0.01）
常数项	−2.43 （−0.48）	−10.99* （−1.91）	26.50*** （3.74）	−7.41 （−1.40）	39.10*** （3.41）
样本容量 / 个	374	98	276	57	317
调整的 R^2	0.13	0.38	0.14	0.52	0.14

注：其他控制变量回归结果未汇报。括号内为 t 统计量。*、** 和 *** 分别表示在 10%、5% 和 1% 的水平上显著。

5.4 解释和讨论

本章旨在研究政府农业技术推广部门的病虫害防治干预是否具有显著的农药减施效果。研究结果表明，政府农业技术推广部门的病虫害防治干预在全样本范围内不存在显著的短期和长期农药减施效果，但是在短期内可以降低小户的单位面积农药施用量，而对大户未产生显著的农药减施效果，甚至可能导致大户提高单位面积农药施用量。从长期角度看，无论是对小户还是大户，政府农业技术推广部门的病虫害防治干预的农药减施效果均不可持续。如何解释上述政府农业技术推广部门病虫害防治干预的农药减施效果呢？

经济理性程度和风险偏好差异可能是导致政府农业技术推广部门的病虫害防治干预对不同耕地面积农户短期农药减施效果呈现明显区别的重要原因。无论是以 1 公顷还是 1.33 公顷作为分类标准，2012 年病虫害防治干预前大户的单位面积农药施用量均仅为小户的一半左右（见图 13.1），可能说明大户的经济理性程度较小户更高，因此其农药减施用量空间较小。相比而言，小户由于理性程度较低而导致其单位面积农药施用量过高，也为农药减施提供了较大空间。更为重要的是，大户的风险偏好程度一般低于小户，其农药施用行为较小户更为保守，在保证农作物产量增长的前提下其农药减施倾向可能明显偏低，甚至可能增加农药施用量。因此，相同的病虫害防治干预对于小户和大户的农药施用行为影响可能出现显著区别。

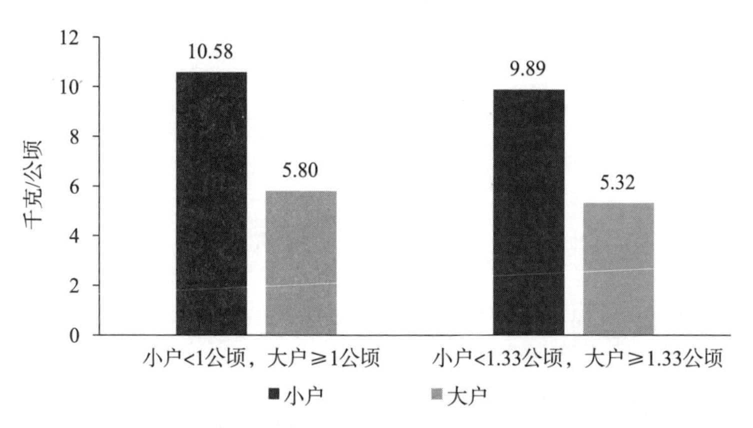

图 13.1 2012 年病虫害干预前小户和大户单位面积农药施用量

商业化改革对政府农业技术推广体系服务职能的削弱效应未得到有效遏制，可能是导致病虫害防治干预的农药减施效果不可持续的重要原因。20 世纪 80 年代开始的政府农业技术推广体系商业化改革导致基层农业技术推广队伍老化和知识断层（胡瑞法等，2004）。尽管 2004 年以来新一轮农业技术推广体系改革不再允许基层农业技术推广部门从事经营创收活动，但是农业技术推广服务活动行政化丧失了对农民的吸引力、严重削弱了农业技术推广服务的效果（胡瑞法、孙艺夺，2018；孙生阳等，2018）。与此同时，激励机制缺失和人事制度改革不彻底成为阻碍专业技术人才进入基层农业技术推广体系的严重障碍，从而导致农业技术推广人员自身病虫害防治和农药施用知识技术水平难以满足农民多样化服务需求（胡瑞法、孙艺夺，2018）。在此情况下，政府农业技术推广部门病虫害防治干预的农药减施效果面临不可持续的严重挑战。

中国增产导向型农业政策体系及相应的农业技术推广理念和模式是限制病虫害防治干预农药减施效果的关键基础。长期以来，为了解决“吃得饱”的问题，中国农业政策的最主要目标是提高农产品产量（魏后凯，2017）。在此政策背景下，中国政府农业技术推广理念和模式也主要立足于增产增收（全世文、于晓华，2016）。但是，农作物病虫害防治具有鲜明的主次特点，即主要病虫害的产量危害远大于次要病虫害。在综合考虑病虫害防治成本（农药购买成本及相应的劳动力成本）和收益（即农药施用所挽回的产量及产值）的情况下，部分农作物病虫害，尤其是次要病虫害，可能无须进行全面防治。但是，在增产导向型的农业技术推广理念和模式下，政府农业技术推广人员提供的病虫害防治技术方案往往倾向于全面防治，从而难以引导农民减少农药施用，甚至在某些情况下有可能导致农药增施。

6. 结论与政策建议

本章基于 2012—2014 年在广东、江西和河北开展的一项随机干预试验数据，采用双重差分模型研究了政府农业技术推广部门病虫害防治干预对样本农户单位面积农药施用量的影响。本章主要结果发现，政府农业技术推广部门的病虫害防治干预短期内可以显著促进小户农民降低单位面积农药施用量，而对大户农民不存在显著的农药减施效果，甚至可能导致大户农民提高单位面积农药施用量。从长期角度看，政府农业技术推广部门的病虫害防治干预无论对小户还是大户的单位面积农药施用量均未有显著影响，即其短期表现出来的对小户的农药减施效果在长期范围内不可持续。本章进一步分析了上述研究结果的主要原因，认为小户和大户的经济理性程度和风险偏好差异、商业化改革对政府农业技术推广体系服务职能的削弱效应、增产导向型农业政策体系是导致上述政府农业技术推广部门的病虫害防治干预效果的主要原因。

基于上述研究结果和分析，本章提出以下深化政府农业技术推广体系改革，从而构建满足农民多样化需求的“一主多元”的农业技术推广服务体系的几项政策建议：

第一，加快农业政策体系由增产导向转向提质导向。在过去较长一段时期，中国面临着农产品产量不足的挑战。为了解决“吃得饱”的问题，农业政策体系长期秉持增产导向原则，其积极意义是对于大力发展农业生产率、提高农作物产量以及保障国家粮食安全作出了重要贡献。经过几十年发展，中国农业发展的主要问题不在于总量不足，而在于结构性矛盾突出（魏后凯，2017）。在深入推进农业供给侧结构性改革和实施乡村振兴战略的背景下，应加快落实农业政策体系由增产导向转向提质导向，为进一步开展农业技术推广体系改革，从而减少农药、化肥等化学品投入，提高农产品供给质量奠定体制和制度基础。

第二，继续深化政府农业技术推广体系改革。21世纪初以来的新一轮政府农业技术推广体系改革取得了较多积极成效，但是农业技术推广服务行政化、激励机制缺失和人事制度改革不完全等问题仍然极大地限制了政府农业技术推广服务职能和效果的发挥。因此，应进一步破除阻碍政府农业技术推广体系改革的制度障碍，加快实施农业技术推广体系去行政化、还原政府农业技术推广体系的服务职能，创新绩效考核、实施适当的推广服务活动激励措施，实施政府农业技术推广体系“能进能出”“能上能下”的新型人事管理制度。

第三，推动农业社会化服务体系和组织发展。近年来，农业合作组织、农资销售商、互联网等农业社会化服务组织和业态在农业技术信息提供方面发挥了越来越重要的作用，成为中国构建以公益性农业技术推广服务为主导的“一主多元”的农业技术推广服务体系的重要组成部分（孔祥智等，2009）。因此，应加强对上述农业社会化服务组织和业态的引导和管理，为促进其健康有序发展提供必要的政策支持。

第四，创新和实践以农户需求为向导的农业技术推广服务模式。以往“自上而下”的政府农业技术推广体系难以满足不同类型农户的多样化农业技术需求。在农业技术推广服务提供主体和农户技术需求均发生结构性变化的背景下，应创新以农户需求为导向的农业技术推广服务模式，使得农业技术推广服务活动适应不同特征农户的技术需求。

附表

附表 1　健康指标及其正常值范围

指标名称		单位	正常值范围
血常规	白细胞计数	10^9/ 升	4.0~10.0
	中性粒细胞计数	10^9/ 升	2.0~7.0
	淋巴细胞计数	10^9/ 升	0.8~4.0
	单核细胞计数	10^9/ 升	0.12~1.00
	中心粒细胞百分比	%	55.0~75.0
	淋巴细胞百分比	%	20~40
	单核细胞百分比	%	3.0~10.0
	红细胞计数	10^{12}/ 升	3.5~5.0（女），4.0~5.5（男）
	血红蛋白	克 / 升	110~150（女），120~160（男）
	红细胞比容	%	37~43（女），42~49（男）
	平均红细胞体积	飞升	80~98
	平均红细胞血红蛋白含量	皮克	27.0~35.0
	平均红细胞血红蛋白浓度	克 / 升	320~362
	红细胞分布宽度变异系数	%	11.0~16.0
	血小板计数	10^9/ 升	100~300
	血小板平均体积	飞升	7.6~13.6
	血小板分布宽度	飞升	9.0~17.0
血生化	谷丙转氨酶	单位 / 升	0~40
	谷草转氨酶	单位 / 升	0~40
	胆碱酯酶	单位 / 升	5320~12920
	总蛋白	克 / 升	66.0~87.0
	尿素氮	毫摩尔 / 升	1.70~8.30
	肌酐	微摩尔 / 升	44~80（女），62~106（男）
	钠离子	毫摩尔 / 升	136~145
	钾离子	毫摩尔 / 升	3.50~5.20
	无机磷	毫摩尔 / 升	0.87~1.45
	维生素 B_{12}	纳克 / 升	191~946
	叶酸	微克 / 升	3.10~17.50
	空腹血糖	毫摩尔 / 升	3.90~6.10
	C 反应蛋白	毫克 / 升	0.00~5.00

续表

	指标名称	单位	正常值范围
常规神经传导检查	正中神经运动传导速度	米 / 秒	≥ 50
	尺神经运动传导速度	米 / 秒	≥ 50
	胫神经运动传导速度	米 / 秒	≥ 40
	腓总神经运动传导速度	米 / 秒	≥ 45
	正中神经感觉传导速度	米 / 秒	≥ 50
	尺神经感觉传导速度	米 / 秒	≥ 50
	腓总神经感觉传导速度	米 / 秒	≥ 50
	正中神经远端运动潜伏期	毫秒	≤ 3.63
	尺神经远端运动潜伏期	毫秒	≤ 3.07
	胫神经远端运动潜伏期	毫秒	≤ 4.80
	腓总神经远端运动潜伏期	毫秒	≤ 4.50
	正中神经近端复合肌肉动作电位波幅	毫伏	≥ 5.0
	正中神经远端复合肌肉动作电位波幅	毫伏	≥ 5.0
	尺神经近端复合肌肉动作电位波幅	毫伏	≥ 5.0
	尺神经远端复合肌肉动作电位波幅	毫伏	≥ 5.0
	胫神经近端复合肌肉动作电位波幅	毫伏	≥ 4.8
	胫神经远端复合肌肉动作电位波幅	毫伏	≥ 4.8
	腓总神经近端复合肌肉动作电位波幅	毫伏	≥ 2.0
	腓总神经远端复合肌肉动作电位波幅	毫伏	≥ 2.0
	正中神经感觉神经动作电位波幅	毫伏	≥ 2.0
	尺神经感觉神经动作电位波幅	毫伏	≥ 2.0
	腓总神经感觉神经动作电位波幅	毫伏	≥ 2.0
神经系统查体	临床总体神经病评分		≥ 2
	简易精神状态检查		>17（文盲），>20（小学及以下），>26（小学以上）

附表 2 临床总体神经病评分表

指标	评分				
	0	1	2	3	4
感觉症状	无	症状限手指/足趾	症状达腕/踝	症状达肘/膝	症状达肘/膝以上或造成功能障碍
运动症状	无	轻度障碍	中度障碍	需要辅助	瘫痪
自主神经症状①	0	1	2	3	4 或 5
针刺觉灵敏度	正常	减退至手指/足趾	减退至踝/腕	减退至膝/肘	减退至膝/肘以上
振动觉灵敏度	正常	减退至手指/足趾	减退至踝/腕	减退至膝/肘	减退至膝/肘以上
肌力②	正常	轻度无力	中度无力	严重无力	瘫痪
腱反射	正常	踝反射减退	踝反射消失	踝反射消失且其他腱反射减退	全部腱反射消失

注：①自主神经症状的数量。
②以最差的肌力评分。

参 考 文 献

一、中文文献

[1] 蔡书凯，李靖 . 水稻农药施用强度及其影响因素研究——基于粮食主产区农户调研数据 [J]. 中国农业科学，2011，44（11）：2403–2410.

[2] 杜江，刘渝 . 中国农业增长与化学品投入的库兹涅茨假说及验证 [J]. 世界经济文汇，2009（3）：96–108.

[3] 方桂堂 . 农民增收的多维路径及当下选择：北京个案 [J]. 改革，2014（3）：96–104.

[4] 葛继红，周曙东 . 要素市场扭曲是否激发了农业面源污染——以化肥为例 [J]. 农业经济问题，2012（3）：92–98.

[5] 国家发展和改革委员会 . 全国农产品成本收益资料汇编 [G]. 北京：中国统计出版社，2017.

[6] 国家计划委员会 . 全国农产品成本收益资料汇编 [G]. 北京：中国统计出版社，1986.

[7] 国家统计局 . 中国统计年鉴 [M]. 北京：中国统计出版社，1984，1986–2017.

[8] 国家统计局 . 中国农村统计年鉴 [M]. 北京：中国统计出版社，2012–2013，2017.

[9] 郭庆海 . 小农户：属性、类型、经营状态及其与现代农业衔接 [J]. 农业经济问题，2018（6）：25–37.

[10] 韩招久，韩召军，姜志宽，等 . 沙蚕毒素类杀虫剂的毒理学研究新进展 [J]. 现代农药，2004（6）：5–8.

[11] 胡瑞法，黄季焜，李立秋 . 中国农业技术推广：现状、问题及解决对策 [J]. 管理世界，2004（5）：50–57.

[12] 胡瑞法，孙艺夺 . 农业技术推广体系的困境摆脱与策应 [J]. 改革，2018（2）：89–99.

[13] 胡雪枝，钟甫宁 . 农村人口老龄化对粮食生产的影响——基于农村固定观察点数据的分析 [J]. 中国农村经济，2012（7）：29–39.

[14] 黄慈渊 . 农药使用的负外部性问题及经济学分析 [J]. 安徽农业科学，2005（1）：151–153.

[15] 黄季焜，胡瑞法，智华勇 . 基层农业技术推广体系 30 年发展与改革：政策评估和建议 [J]. 农业技术经济，2009（1）：4–11.

[16] 黄季焜，齐亮，陈瑞剑．技术信息知识、风险偏好与农民施用农药 [J]. 管理世界，2008（5）: 71–76.

[17] 纪月清，刘亚洲，陈奕山．统防统治：农民兼业与农药施用 [J]. 南京农业大学学报：社会科学版，2015（6）: 61–67，138.

[18] 姜健，周静，孙若愚．菜农过量施用农药行为分析——以辽宁省蔬菜种植户为例 [J]. 农业技术经济，2017（11）: 16–25.

[19] 孔祥智，徐珍源，史冰清．当前我国农业社会化服务体系的现状、问题和对策研究 [J]. 江汉论坛，2009（5）: 13–18.

[20] 李昊，李世平，南灵．农药施用技术培训减少农药过量施用了吗？ [J]. 中国农村经济，2017（10）: 80–96.

[21] 李江一．农业补贴政策效应评估：激励效应与财富效应 [J]. 中国农村经济，2016（12）: 17–32.

[22] 李立秋，胡瑞法，刘健，等．建立国家公共农业技术推广服务体系 [J]. 中国科技论坛，2003（6）: 125–128.

[23] 李卫兵，陈妹．收入对居民环境意识的影响：绝对水平和相对地位 [J]. 当代财经，2017（1）: 16–26.

[24] 刘长江，门万杰，刘彦军，等．农药对土壤的污染及污染土壤的生物修复 [J]. 农业系统科学与综合研究，2002，18（4）: 291–292，297.

[25] 刘文勇．中国城乡收入差距扩大的程度、原因与政策调整 [J]. 农业经济问题，2004（3）: 56–58，77.

[26] 米建伟，黄季焜，陈瑞剑，等．风险规避与中国棉农的农药施用行为 [J]. 中国农村经济，2012（7）: 60–71.

[27] 农业部．中国农业年鉴 [M]. 北京：中国农业出版社，2012，2016.

[28] 邱德文．生物农药与生物防治发展战略浅谈 [J]. 中国农业科技导报，2011，13（5）: 88–92.

[29] 全世文，于晓华．中国农业政策体系及其国际竞争力 [J]. 改革，2016（11）: 130–138.

[30] 饶静，纪晓婷．微观视角下的我国农业面源污染治理困境分析 [J]. 农业技术经济，2011（12）: 11–16.

[31] 沈能，王艳．中国农业增长与污染排放的 EKC 曲线检验：以农药投入为例 [J]. 数理统计与管理，2016，35（4）: 614–622.

[32] 孙生阳，孙艺夺，胡瑞法，等．中国农业技术推广体系的现状、问题及政策研究 [J]. 中国软科学，2018（6）: 25–34.

[33] 田云，张俊飚，何可，等．农户农业低碳生产行为及其影响因素分析——以化肥施用和农药使用为例 [J]. 中国农村观察，2015(4)：61–70.

[34] 田子华，吴佳文，朱先敏．江苏省推进绿色防控与统防统治融合的做法与发展思路 [J]. 中国植保导刊，2015，35（1）：76–78.

[35] 王常伟，顾海英．市场 VS 政府，什么力量影响了我国菜农农药用量的选择？ [J]. 管理世界，2013(11)：50–66.

[36] 王杰．农药低剂量导致其抗性发展 [J]. 世界农药，2011(4)：44–46.

[37] 王瑞鹏，祝宏辉．新疆城市化与城乡收入差距的关系研究 [J]. 统计与决策，2016(12)：105–109.

[38] 王少平，欧阳志刚．我国城乡收入差距对实际经济增长的阈值效应 [J]. 中国社会科学，2008(2)：54–66.

[39] 王文玺．世界农业推广之研究 [M]. 北京：中国农业科技出版社，1994.

[40] 魏后凯．中国农业发展的结构性矛盾及其政策转型 [J]. 中国农村经济，2017(5)：2–17.

[41] 应瑞瑶，朱勇．农业技术培训方式对农户农业化学投入品使用行为的影响——源自实验经济学的证据 [J]. 中国农村观察，2015(1)：50–58.

[42] 张超，孙艺夺，李钟华，等．农药暴露对人体健康损害研究的文献计量分析 [J]. 农药学学报，2016，18（1）：1–11.

[43] 朱淀，孔霞，顾建平．农户过量施用农药的非理性均衡：来自中国苏南地区农户的证据 [J]. 中国农村经济，2014(8)：17–29，41.

二、英文文献

[1] Afari–Sefa V，Asare–Bediako E，Kenyon L，et al. Pesticide use practices and perceptions of vegetable farmers in the cocoa belts of the Ashanti and Western regions of Ghana[J]. Advances in Crop Science and Technology，2015，3（3）：174.

[2] Alavanja M C R，Hoppin J A，Kamel F. Health effects of chronic pesticide exposure：cancer and neurotoxicity[J]. Annual Review of Public Health，2004，25：155–197.

[3] Alavanja M C R，Ross M K，Bonner M R. Increased cancer burden among pesticide applicators and others due to pesticide exposure[J]. CA：A Cancer Journal for Clinicians，2013，63（2）：120–142.

[4] Alavanja M C R，Samanic C，Dosemeci M，et al. Use of agricultural pesticides and prostate cancer risk in the agricultural health study cohort[J]. American Journal of Epidemiology，2003，

157（9）：800–814.

[5] Albers J W，Garabrant D H，Schweitzer S，et al. Absence of sensory neuropathy among workers with occupational exposure to chlorpyrifos[J]. Muscle Nerve，2004，29（5）：677–686.

[6] Andreadis G，Albanis T，Skepastianos P，et al. The influence of organophosphate pesticides on white blood cell types and C–reactive protein（CRP）level of Greek farm workers[J]. Fresenius Environmental Bulletin，2013，22（8a），2423–2427.

[7] Antle J M，Pingali P L. Pesticides，productivity，and farmer health：a Philippine case study[J]. American Journal of Agricultural Economics，1994，76（3）：418–430.

[8] Arellano M，Bond S. Some tests of specification for panel data：Monte Carlo evidence and an application to employment equations[J]. Review of Economic Studies，1991，58（2）：277–297.

[9] Arellano M，BoverO. Another look at the instrumental variable estimation of error–components models[J]. Journal of Econometrics，1995，68（1）：29–51.

[10] Bai Y，Zhou L，Wang J. Organophosphorus pesticide residues in market foods in Shaanxi area，China[J]. Food Chemistry，2006，98（2）：240–242.

[11] BaltagiB H. Econometrics[M]. Berlin：Springer，2008.

[12] Beltran J C，White B，Burton M，et al. Determinants of herbicide use in rice production in the Philippines[J]. Agricultural Economics，2013，44（1）：45–55.

[13] Benachour N，S é ralini G E. Glyphosate formulations induce apoptosis and necrosis in human umbilical，embryonic，and placental cells[J]. Chemical Research in Toxicology，2009，22(1)：97–105.

[14] Benachour N，Sipahutar H，Moslemi S，et al. Time– and dose–dependent effects of Roundup on human embryonic and placental cells[J]. Archives of Environmental Contamination and Toxicology，2007，53（1）：126–133.

[15] Benbrook C M. Impacts of genetically engineered crops on pesticide use in the U.S. – the first sixteen years[J]. Environmental Sciences Europe，2012，24：24.

[16] Benedetti A L，De Lourdes Vituri C，Trentin A G，et al. The effects of sub–chronic exposure of Wistar rats to the herbicide glyphosate–biocarb[J]. Toxicology Letters，2004，153：227–232.

[17] Blackwell M，PagoulatosA. The econometrics of damage control[J]. American Journal of Agricultural Economics，1992，74（4）：1040–1044.

[18] Blundell R，Bond S. Initial conditions and moment restrictions in dynamic panel data models[J]. Journal of Econometrics，1998，87（1）：115–143.

[19] Bond S R. Dynamic panel data models: a guide to micro data methods and practice[J]. Portuguese Economic Journal, 2002, 1 (2): 141–162.

[20] Boyce J K. Inequality as a cause of environmental degradation[J]. Ecological Economics, 1994, 11 (3): 169–178.

[21] Calvert G M, Plate D K, Das R, et al. Acute occupational pesticide-related illness in the US, 1998–1999: surveillance findings from the SENSOR-pesticides program[J]. American Journal of Industrial Medicine, 2004, 45 (1): 14–23.

[22] Carrasco-Tauber C, Moffitt L J. Damage control econometrics: functional specification and pesticide productivity[J]. American Journal of Agricultural Economics, 1992, 74 (1): 158–162.

[23] Carvalho F P. Agriculture, pesticides, food security and food safety[J]. Environmental Science and Policy, 2006, 9 (7/8): 685–692.

[24] Cavaletti G, Frigeni B, Lanzani F, et al. The Total Neuropathy Score as an assessment tool for grading the course of chemotherapy-induced peripheral neurotoxicity: comparison with the National Cancer Institute-Common Toxicity Scale[J]. Journal of Peripheral Nervous System, 2007, 12 (3): 210–215.

[25] Cecchi A, Rovedatti M G, Sabino G, et al. Environmental exposure to organophosphate pesticides: assessment of endocrine disruption and hepatotoxicity in pregnant women[J]. Ecotoxicology and Environmental Safety, 2012, 80: 280–287.

[26] Cerderia A L, Duke S O. The current status and environmental impacts of glyphosate-resistant crops: a review[J]. Journal of Environmental Quality, 2006, 35 (5): 1633–1658.

[27] Chanda E. Measuring the effect of insecticide resistance: are we making progress?[J] The Lancet Infectious Diseases, 2018, 18 (6): 586–588.

[28] Chen R, Huang J, Qiao F. Farmers' knowledge on pest management and pesticide use in Bt cotton production in China[J]. China Economic Review, 2013, 27: 15–24.

[29] Chen X, Lian J. Capital-labor elasticity of substitution and regional economic growth: an empirical investigation of the De La Grandville hypothesis[J]. China Economic Quarterly, 2013, 12 (1): 93–118.

[30] Chukwudebe A C, Cox D L, Palmer S J, et al. Toxicity of emamectin benzoate foliar dislodgeable residues to two beneficial insects[J]. Journal of Agricultural and Food Chemistry, 1997, 45 (9): 3689–3693.

[31] Coondoo D, Dinda S. Causality between income and emission: a country group-specific

econometric analysis[J]. Ecological Economics, 2002, 40 (3): 351–367.

[32] Copper J, Dobson H. The benefits of pesticides to mankind and the environment[J]. Crop Protection, 2007, 26 (9): 1337–1348.

[33] Cornblath D R, Chaudhry V, Carter K, et al. Total neuropathy score: validation and reliability study[J]. Neurology, 1999, 53 (8): 1660–1664.

[34] Crissman C C, Cole D C, Carpio F. Pesticide use and farm worker health in Ecuadorian potato production[J]. American Journal of Agricultural Economics, 1994, 76 (3): 593–597.

[35] Dalvi P S, Wilder–Kofie T, Mares B, et al. Toxicologic implications of the metabolism of thiram, dimethyldithiocarbamate and carbon disulfide mediated by hepatic cytochrome P450 isozymes in rats[J]. Pesticide Biochemistry and Physiology, 2002, 74 (2): 85–90.

[36] De RoosA J, Blair A, Rusuecki J A, et al. Cancer incidence among glyphosate–exposed pesticide applicators in the Agricultural Health Study[J]. Environmental Health Perspectives, 2005, 113 (1): 49–54.

[37] Delpech V R, Ihara M, CoddouC, et al. Action of nereistoxin on recombinant neuronal nicotinic acetylcholine receptors expressed in Xenopus laevis oocytes[J]. Invertebrate Neuroscience, 2003, 5 (1): 29–35.

[38] Dinda S, Coondoo D. Income and emission: a panel data–based cointegration analysis[J]. Ecological Economics, 2006, 57 (2): 167–181.

[39] DindaS. Environmental Kuznets curve hypothesis: a survey[J]. Ecological Economics, 2004, 49 (4): 431–455.

[40] Ding G, Bao Y. Revisiting pesticide exposure and children' s health: focus on China[J]. Science of the Total Environment, 2014, 472: 289–295.

[41] Duke S O, Powles S B. Glyphosate: a once–in–a–century herbicide[J]. Pest Management Science, 2008, 64 (4): 319–325.

[42] Ebenstein A, Zhang J, McmillanM S, et al. Chemical fertilizer and migration in China: Working Paper No. 17245[R]. Cambridge, MA: National Bureau of Economic Research, 2011.

[43] Eissa F I, Zidan N A. Haematological, biochemical and histopathological alterations induced by abamectin and Bacillus thuringiensis in male albino rats[J]. Acta BiologicaHungarica, 2010, 61 (1): 33–44.

[44] El–ShenawyN S. Oxidative stress response of rats exposed to Roundup and its active ingredient glyphosate[J]. Environmental Toxicology and Pharmacology, 2009, 28 (3): 379–385.

[45] Engel L S, Keifer M C, Checkoway H, et al. Neurophysiological function in farm workers exposed to organophosphate pesticides[J]. Archives of Environmental Health: An International Journal, 1998, 53 (1): 7–14.

[46] EomY S. Pesticide residue risk and food safety valuation: a random utility approach[J]. American Journal of Agricultural Economics, 1994, 76(4): 760–771.

[47] Fareed M, Pathak M K, Bihari V, et al. Adverse respiratory health and hematological alterations among agricultural workers occupationally exposed to organophosphate pesticides: a cross-sectional study in North India[J]. Plos One, 2013, 8 (7): e69755.

[48] Fernandes M E S, Alves F M, Pereira R C, et al. Lethal and sublethal effects of seven insecticides on three beneficial insects in laboratory assays and field trials[J]. Chemosphere, 2016, 156: 45–55.

[49] Fitt G P, Wakelyn P, Stewart M, et al. Global status and impacts of biotech cotton: report of the Second Expert Panel on Biotechnology of Cotton[R]. Washington DC: International Cotton Advisory Committee, 2004.

[50] Franz J E, Mao M K, Sikorski J A. Glyphosate: a unique and global herbicide[M]. Washington DC: American Chemical Society, 1997.

[51] Gasnier C, Dumont C, BenachourN, et al. Glyphosate-based herbicides are toxic and endocrine disruptors in human cell lines[J]. Toxicology, 2009, 262 (3): 184–191.

[52] Gautam S, Schreinemachers P, Uddin M N, et al. Impact of training vegetable farmers in Bangladesh in integrated pest management (IPM) [J]. Crop Protection, 2017, 102: 161–169.

[53] Ghimire N, Woodward R T. Under- and over-use of pesticides: an international analysis[J]. Ecological Economics, 2013, 89: 73–81.

[54] Gomes J, Dawodu A, Lloyd O D, et al. Hepatic injury and disturbed amino acid metabolism in mice following prolonged exposure to organophosphorus pesticides[J]. Human and Experimental Toxicology, 1999, 18 (1): 33–37.

[55] Gong B. Agricultural reforms and production in China: changes in provincial production function and productivity in 1978–2015[J]. Journal of Development Economics, 2018, 132: 18–31.

[56] Gong Y, Baylis K, Kozak R, et al. Farmers' risk preferences and pesticide use decisions: evidence from field experiments in China[J]. Agricultural Economics, 2016, 47 (4): 411–421.

[57] Goodhue R E, Klonsky K, Mohapatra S. Can an education program be a substitute for a

regulatory program that bans pesticides? Evidence from a panel selection model[J]. American Journal of Agricultural Economics, 2010, 92 (4): 956–971.

[58] Grossman G M, Krueger A B. Environmental impacts of a North American Free Trade Agreement: Working Paper No. 3914[R]. Cambridge, MA: National Bureau of Economic Research, 1991.

[59] Grovermann C, Schreinemachers P, Berger T. Quantifying pesticide overuse from farmer and societal points of view: an application to Thailand[J]. Crop Protection, 2013, 53: 161–168.

[60] Guo H, Jin Y, Cheng Y, et al. Prenatal exposure to organochlorine pesticides and infant birth weight in China[J]. Chemosphere, 2014, 110: 1–7.

[61] Guo M, Jia X, Huang J, et al. Farmer field school and farmer knowledge acquisition in rice production: experimental evaluation in China[J]. Agriculture, Ecosystem and Environment, 2015, 209: 100–107.

[62] Guyton K Z, Loomis D, Grosse Y, et al. Carcinogenicity of tetrachlorvinphos, parathion, malathion, diazinon, and glyphosate[J]. Lancet Oncology, 2015, 16 (5): 490–491.

[63] Hao G, Yang G. Pest control: risks of biochemical pesticides[J]. Science, 2013, 342 (6160): 799.

[64] Hao Y, Chen H, Zhang Q. Will income inequality affect environmental quality? Analysis based on China' s provincial panel data[J]. Ecological Indicators, 2016, 67: 533–542.

[65] Hawkins N J, Bass C, Dixon A, et al. The evolutionary origins of pesticide resistance[J]. Biological Reviews, 2019, 94: 135–155.

[66] Hayden K M, Norton M C, Darcey D, et al. Occupational exposure topesticides increases the risk of incident AD: the Cache County study[J]. Neurology, 2010, 74 (19): 1524–1530.

[67] Heerink N, Mulatu A, BulteE. Income inequality and the environment: aggregation bias in environmental Kuznets curves[J]. Ecological Economics, 2001, 38 (3): 359–367.

[68] Heimlich R E, Fernandez-Cornejo J, Mcbride W, et al. Genetically engineered crops: has adoption reduced pesticide use?[J]. Agricultural Outlook, 2000(273): 13–17.

[69] Hidrayani, Purnomo, Rauf A, et al. Pesticide applications on Java potato fields are ineffective in controlling leafminers, and have antagonistic effects on natural enemies of leafminers[J]. International Journal of Pest Management, 2005, 51 (3): 181–187.

[70] Hong S Y, Yang D H, Hwang K Y. Associations between laboratory parameters and outcome of paraquat poisoning[J]. Toxicology Letter, 2000, 118 (1/2): 53–59.

[71] Hossain F, Pray C E, Lu Y, et al. GM cotton and farmer' s health in China: an econometric

analysis of the relationship between pesticide poisoning and GM cotton use in China[J]. International Journal of Occupational and Environmental Health, 2004, 10: 296–303.

[72] Hou L, Huang J, Wang X, et al. Farmer's knowledge on GM technology and pesticide use: evidence from papaya production in China[J]. Journal of Integrative Agriculture, 2012, 11 (12): 2107–2115.

[73] Hu R, Cai Y, Chen K Z, et al. Effects of inclusive public agricultural extension service: results from a policy reform experiment in western China[J]. China Economic Review, 2012, 23 (4): 962–974.

[74] Hu R, Huang X, Huang J, et al. Long–and short–term health effects of pesticide exposure: a cohort study from China[J]. Plos One, 2015, 10 (6): e0128766.

[75] Hu R, Yang Z, Kelly P, et al. Agricultural extension system reform and agent time allocation in China[J]. China Economic Review, 2009, 20 (2): 303–315.

[76] Huang J, Hu R, Pray C, et al. Biotechnology as an alternative to chemical pesticides: a case study of Bt cotton in China[J]. Agricultural Economics, 2003, 29 (1): 55–67.

[77] Huang J, Hu R, RozelleS, et al. Genetically modified rice, yields, and pesticides: assessing farm–level productivity effects in China[J]. Economic Development and Cultural Change, 2008, 56 (2): 241–263.

[78] Huang J, Hu R, Rozelle S, et al. Transgenic varieties and productivity of smallholder cotton farmers in China[J]. Australian Journal of Agricultural and Resource Economics, 2002, 46(3): 367–387.

[79] Huang J, Qiao F, Zhang L, et al. Farm pesticides, rice production, and human health in China: EEPSEA Research Report No. 2001–RR3[R]. Ottawa: International Development Research Center, 2001.

[80] Huang J, RozelleS. Technological change: rediscovering the engine of productivity growth in China's rural economy[J]. Journal of Development Economics, 1996, 49 (2): 337–369.

[81] Huang X, Zhang C, Hu R, et al. Association between occupational exposure to pesticides with heterogeneous chemical structures and farmer health in China[J]. Scientific Reports, 2016, 6: 25190.

[82] Hunter J, Maxwell J D, Stewart D A, et al. Increased hepatic microsomal enzyme activity from occupational exposure to certain organochlorine pesticides[J]. Nature, 1972, 237 (5355): 399–401.

[83] Imai K, Yoshinaga J, Yoshikane M, et al. Pyrethroid insecticide exposure and semen quality of young Japanese men[J]. Reproductive Toxicology, 2014, 43: 38–44.

[84] Jaggi A S, Singh N. Mechanisms in cancer–chemotherapeutic drugs–induced peripheral neuropathy[J]. Toxicology, 2012, 291（1/2/3）: 1–9.

[85] Jamal G A, Hansen S, Pilkington A, et al. A clinical neurological, neurophysiological, and neuropsychological study of sheep farmers and dippers exposed to organophosphate pesticides[J]. Occupational and Environmental Medicine, 2002, 59（7）: 434–441.

[86] Jauhiainen A, Rasanen K, SarantilaR, et al. Occupational exposure of forest workers to glyphosate during brush saw spraying work[J]. American Industrial Hygiene Association Journal, 1991, 52: 61–64.

[87] Jayasinghe S S, Pathirana K D, Buckley N A. Effects of acute organophosphorus poisoning on function of peripheral nerves: a cohort study[J]. Plos One, 2012, 7（11）: e49405.

[88] Jayasumana C, Gunatilake S, Senanayake P. Glyphosate, hard water and nephrotoxic metals: are they the culprits behind the epidemic of chronic kidney disease of unknown etiology in Sri Lanka?[J]. International of Journal of Environmental Research and Public Health, 2014, 11: 2125–2147.

[89] Jayasumana C, Gunatilake S, Siribaddana S. Simultaneous exposure to multiple heavy metals and glyphosate may contribute to Sri Lanka agricultural nephropathy[J]. BMC Nephrology, 2015, 16: 103.

[90] Jin J, Wang W, He R, et al. Pesticide use and risk perceptions among small–scale farmers in Anqiu County, China[J]. International Journal of Environmental Research and Public Health, 2017, 14（1）: 29.

[91] Jin S, Bluemling B, Mol A P J. Information, trust and pesticide overuse: interactions between retailers and cotton farmers in China[J]. NJAS–Wageningen Journal of Life Sciences, 2015, 72/73: 23–32.

[92] Kamel F, Engel L S, GladenB C, et al. Neurologic symptoms in licensed private pesticide applicators in the agricultural health study[J]. Environmental Health Perspectives, 2005, 113（7）: 877–882.

[93] Kamel F, Hoppin J A. Association of pesticide exposure with neurologic dysfunction and disease[J]. Environmental Health Perspectives, 2004, 112（9）: 950–958.

[94] Karami–Mohajeri S, Abdollahi M. Toxic influence of organophosphate, carbamate, and

organochlorine pesticides on cellular metabolism of lipids, proteins, and carbohydrates: a systematic review[J]. Human and Experimental Toxicology, 2011, 30 (9): 1119–1140.

[95] Karami–Mohajeri S, Nikfar S, Abdollahi M. A systematic review on the nerve–muscle electrophysiology in human organophosphorus pesticide exposure[J]. Human and Experimental Toxicology, 2014, 33 (1): 92–102.

[96] Karimi J H, Novin L, Poor A M. Effect of the herbicide glyphosate on renal tissues in adult female rats[J]. Journal of Jahrom University of Medical Sciences, 2014, 11 (4): 9–16.

[97] Kaufmann R K, Davidsdottir B, Garnham S, et al. The determinants of atmospheric SO2 concentrations: reconsidering the environmental Kuznets curve[J]. Ecological Economics, 1998, 25 (2): 209–220.

[98] Khan M J, Zia M S, Qasim M. Use of pesticides and their role in environmental pollution[J]. International Journal of Environmental and Ecological Engineering, 2010, 4 (12): 621–627.

[99] Khan M, Mahmood H Z, Damalas C A. Pesticide use and risk perceptions among farmers in the cotton belt of Punjab, Pakistan[J]. Crop Protection, 2015, 67 (1): 184–190.

[100] Kishi M, Hirschhorn N, Djajadisastra M, et al. Relationship of pesticide spraying to signs and symptoms in Indonesian farmers[J]. Scandinavian Journal of Work, Environment and Health, 1995, 21 (2): 124–133.

[101] Koller V J, F ü rhacker M, Nersesyan A, et al. Cytotoxic and DNA–damaging properties of glyphosate and Roundup in human–derived buccal epithelial cells[J]. Archives of Toxicology, 2012, 86 (5): 805–813.

[102] Lansink A O, Carpentier A. Damage control productivity: an input damage abatement approach[J]. Journal of Agricultural Economics, 2001, 52 (3): 11–22.

[103] Li J, Wang M H, Ho Y S. Trends in research on global climate change: a Science Citation Index expanded–based analysis[J]. Global Planet Change, 2011, 77 (1/2): 13–20.

[104] Li L, Wang C, Segarra E, et al. Migration, remittances, and agricultural productivity in small farming systems in northwest China[J]. China Agricultural Economic Review, 2013, 5 (1): 5–23.

[105] Li L, Wang M, Chen S, et al. A urinary metabonomics analysis of long–term effect of acetochlor exposure on rats by ultra–performance liquid chromatography/mass spectrometry[J]. Pesticide Biochemistry and Physiology, 2016, 128: 82–88.

[106] Lichtenberg E, Zilberman D. The econometrics of damage control: why specification

matters[J]. American Journal of Agricultural Economics, 1986, 68 (2): 261–273.

[107] Lin J Y. Impact of hybrid rice on input demand and productivity[J]. Agricultural Economics, 1994, 10 (2): 153–164.

[108] Lin J Y. Rural reforms and agricultural growth in China[J]. American Economic Review, 1992, 82 (1): 34–51.

[109] Liu E M, Huang J. Risk preferences and pesticide use by cotton farmers in China[J]. Journal of Development Economics, 2013, 103 (1): 202–215.

[110] Liu W, Du Y, Liu J, et al. Effects of atrazine on the oxidative damage of kidney in Wister rats[J]. International Journal of Clinical and Experimental Medicine, 2014, 7 (10): 3235–3243.

[111] London L, Nell V, Thompson M L, et al. Effects of long-term organophosphate exposures on neurological symptoms, vibration sense and tremor among South African farm workers[J]. Scandinavian Journal of Work, Environment and Health, 1998, 24 (1): 18–29.

[112] LottiM. Low-level exposures to organophosphorus esters and peripheral nerve function[J]. Muscle Nerve, 2002, 25 (4): 492–504.

[113] Lu Y, Wu K, Jiang Y, et al. Widespread adoption of Bt cotton and insecticide decrease promotes biocontrol services[J]. Nature, 2012, 487: 362–367.

[114] Mao N, Wang M H, Ho Y S. A bibliometric study of the trend in articles related to risk assessment published in Science Citation Index[J]. Human and Ecological Risk Assessment: An International Journal, 2010, 16 (4): 801–824.

[115] Mcbeath J H, Mcbeath J. Environmental change and food security in China[M]. New York: Springer, 2010.

[116] Meneguz A, Michalek H. Effects of zineb and its metabolite, ethylenethiourea, on hepatic microsomal systems in rats and mice[J]. Bulletin of Environmental Contamination and Toxicology, 1987, 38 (5): 862–867.

[117] Merhi M, Raynal H, Cahuzac E, et al. Occupational exposure to pesticides and risk of hematopoietic cancers: meta-analysis of case-control studies[J]. Cancer Causes Control, 2007, 18 (10): 1209–1226.

[118] Mesnage R, Bernay B, Séralini G E. Ethoxylated adjuvants of glyphosate-based herbicide are active principles of human cell toxicity[J]. Toxicology, 2013, 313 (2/3): 122–128.

[119] Mills N J, Beers E H, Shearer P W, et al. Comparative analysis of pesticide effects on natural enemies in western orchards: a synthesis of laboratory bioassay data[J]. Biological Control,

2016, 102: 17–25.

[120] Mladinic M, Berend S, Vrdoljak A L, et al. Evaluation of genome damage and its relation to oxidative stress induced by glyphosate in human lymphocytes in vitro[J]. Environmental and Molecular Mutagenesis, 2009, 50 (9): 800–807.

[121] Mondal S, Ghosh R C, Mukhopadhyaya S K. Studies on the electrolytes and microelements in Wistar rat following multiple exposures to acetamiprid[J]. Toxicology and Industrial Health, 2012, 28 (5): 422–427.

[122] Moretto A, Lotti M. Poisoning by organophosphorus insecticides and sensory neuropathy[J]. Journal of Neurology, Neurosurgery and Psychiatry, 1998, 64 (4): 463–468.

[123] Naranjo S E. Impacts of Bt crops on non–target invertebrates and insecticide use patterns[J]. CAB Review: Perspectives in Agriculture, Veterinary Science, Nutrition and Natural Resources, 2009, 4: 11.

[124] Naranjo S E. Impacts of Bt transgenic cotton on integrated pest management[J]. Journal of Agricultural and Food Chemistry, 2011, 59 (11): 5842–5851.

[125] PanayotouT. 1993. Empirical tests and policy analysis of environmental degradation at different stages of economic development: Working Paper No. 238[R]. Geneva: International Labour Office, 1993.

[126] Panuwet P, Siriwong W, PrapamontolT, et al. Agricultural pesticide management in Thailand: situation and population health risk[J]. Environmental Science and Policy, 2012, 17: 72–81.

[127] Pathak M K, Fareed M, Bihari V, et al. Nerve conduction studies in sprayers occupationally exposed to mixture of pesticides in a Mango Plantation at Lucknow, North India[J]. Toxicological and Environmental Chemistry, 2011, 93 (1): 188–196.

[128] Pay á n–Renter í a R, Garibay–Ch á vez G, Rangel–Ascencio R, et al. Effect of chronic pesticide exposure in farm workers of a Mexico community[J]. Archives of Environmental and Occupational Health, 2012, 67 (1): 22–30.

[129] Pearce D, KoundouriP. Fertilizer and pesticide taxes for controlling non–point agricultural pollution: research report for agricultural and rural development[R]. Washington DC: The World Bank Group, 2003.

[130] Pemsl D, Waibel H, Gutierrez A P. Why do some Bt–cotton farmers in China continue to use high levels of pesticide?[J]. International Journal of Agricultural Sustainability, 2005, 3 (1): 1–13.

[131] Phipps R H, Park J R. Environmental benefits of genetically modified crops: global and European perspectives on their ability to reduce pesticide use[J]. Journal of Animal and Feed Sciences, 2002, 11: 1–18.

[132] Pimentel D, Acquay H, Biltonen M, et al. Environmental and economic costs of pesticide use[J]. BioScience, 1992, 42 (10): 750–760.

[133] Pimentel D, Stachow U, Takacs D A, et al. Conserving biological diversity in agricultural/forestry systems[J]. Bioscience, 1992, 42 (5): 354–362.

[134] Popp J, Petö K, Nagy J. Pesticide productivity and food security. A review[J]. Agronomy for Sustainable Development, 2013, 33 (1): 243–255.

[135] Popp J. Cost–benefit analysis of crop protection measures[J]. Journal of Consumer Protection and Food Security, 2011, 6 (S1): 105–112.

[136] Pray C, Ma D, Huang J, et al. Impact of Bt cotton in China[J]. World Development, 2001, 29 (5): 813–825.

[137] Priyadarshi A, Khuder S A, Schaub E A, et al. Environmental risk factors and Parkinson’s disease: a meta–analysis[J]. Environmental Research, 2001, 86 (2): 122–127.

[138] Qiao F, Huang J, Zhang L, et al. Pesticide use and farmers’ health in China’s rice production[J]. China Agricultural Economic Review, 2012, 4 (4): 468–484.

[139] Rahman S. Farm–level pesticide use in Bangladesh: determinants and awareness[J]. Agriculture, Ecosystems and Environment, 2003, 95 (1): 241–252.

[140] Ray D E, Fry J R. A reassessment of the neurotoxicity of pyrethroid insecticides[J]. Pharmacology and Terapeutics, 2006, 111 (1): 174–193.

[141] Richard S, Moslemi S, Sipahutar H, et al. Differential effects of glyphosate and Roundup on human placental cells and aromatase[J]. Environmental Health Perspectives, 2005, 113 (6): 716–720.

[142] Rola A C, Pingali P L. Pesticides, rice productivity, and farmers’ health: an economic assessment[M]. Los Baños: International Rice Research Institute, 1993.

[143] Rother H A. Pesticide labels: protecting liability or health? – Unpacking “misuse” of pesticides[J]. Current Opinion in Environmental Science and Health, 2018, 4: 10–15.

[144] Schreinemachers P, Wu M, Uddin M N, et al. Farmer training in off–season vegetables: effects on income and pesticide use in Bangladesh[J]. Food Policy, 2016, 61: 132–140.

[145] Semykina A, Wooldridge J M. Estimating panel data models in the presence of endogeneity

and selection[J]. Journal of Econometrics, 2010, 57 (2): 375–380.

[146] Sexton S E, Lei Z, Zilberman D. The economics of pesticides and pest control[J]. International Review of Environmental and Resource Economics, 2007, 1 (3): 271–326.

[147] Shafer T J, Meyer D A, Crofon K M. Development neurotoxicity of pyrethroid insecticides: critical review and future research needs[J]. Environmental Health Perspectives, 2005, 113 (2): 123–126.

[148] Shaner D L. The impact of glyphosate–tolerant crops on the use of other herbicides and resistance management[J]. Pest Management Science, 2000, 56 (4): 320–326.

[149] Sharma R, PeshinR. Impact of integrated pest management of vegetables on pesticide use in subtropical Jammu, India[J]. Crop Protection, 2016, 84: 105–112.

[150] Shelton A M, Zhao J Z, Roush R T. Economic, ecological, food safety, and social consequences of the deployment of Bt transgenic plants[J]. Annual Review of Entomology, 2002, 47: 845–881.

[151] Siddiqui A, Ali B, Srivastava S P. Effect of mancozeb on hepatic glutathione s–transferase in rat[J]. Toxicology Letters, 1993, 68 (3): 301–305.

[152] Skevas T, Stefanou S E, LansinkA O. Do farmers internalise environmental spillovers of pesticides in production?[J]. Journal of Agricultural Economics, 2013, 64 (3): 624–640.

[153] Snelder D J, Masipiqueña M D, De Snoo G R. Risk assessment of pesticide usage by smallholder farmers in the Cagayan Valley (Philippines) [J]. Crop Protection, 2008, 27 (3/4/5): 747–762.

[154] Sorahan T. Multiple myeloma and glyphosate use: a re–analysis of US Agricultural Health Study (AHS) data[J]. International Journal of Environmental Research and Public Health, 2015, 12: 1548–1559.

[155] Starks S E, Hoppin J A, Kamel F, et al. Peripheral nervous system function and organophosphate pesticide use among licensed pesticide applicators in the Agricultural Health Study[J]. Environmental Health Perspectives, 2012, 120 (4): 515–520.

[156] Steenland K, Dick R B, Howell R J, et al. Neurologic function among termiticide applicators exposed to chlorpyrifos[J]. Environmental Health Perspectives, 2000, 108 (4): 293–300.

[157] Stokes L, Stark A, Marshall E, et al. Neurotoxicity among pesticide applicators exposed to organophosphates[J]. Occupational and Environmental Medicine, 1995, 52 (10): 648–653.

[158] Sun B, Zhang L, Yang L, et al. Agricultural non–point source pollution in China: causes and

mitigation measures[J]. Ambio, 2012, 41 (4): 370–379.

[159] Sun S, Hu R, Zhang C, et al. Do farmers misuse pesticides in crop production in China? Evidence from a farm household survey[J]. Pest Management Science, 2019, 219: 677–685.

[160] Tizhe E V, Ibrahim N D G, Fatihu M Y, et al. Serum biochemical assessment of hepatic and renal functions of rats during oral exposure to glyphosate with zinc[J]. Comparative Clinical Pathology, 2014, 23 (4): 1043–1150.

[161] Torras M, Boyce J K. Income, inequality, and pollution: a reassessment of the environmental Kuznets curve[J]. Ecological Economics, 1998, 25 (2): 147–160.

[162] Verger P J P, Boobis A R. Reevaluate pesticides for food security and safety[J]. Science, 2013, 341 (6147): 717–718.

[163] Weichenthal S, Moase C, Chan P. A review of pesticide exposure and cancer incidence in the agricultural health study cohort[J]. Environmental Health Perspectives, 2010, 118 (8): 1117–1125.

[164] Widawsky D, Rozelle S, JinS, et al. Pesticide productivity, host–plant resistance and productivity in China[J]. Agricultural Economics, 1998, 19 (1/2): 203–217.

[165] Williams G M, Kroes R, Munro I C. Safety evaluation and risk assessment of the herbicide Roundup and its active ingredient, glyphosate, for humans[J]. Regulatory Toxicology and Pharmacology, 2000, 31 (2): 117–165.

[166] Wu Y, Xi X, Tang X, et al. Policy distortions, farm size, and the overuse of agricultural chemicals in China[J]. Proceedings of the National Academy of Sciences of the United States of America, 2018, 115 (27): 7010–7015.

[167] Xu R, Kuang R, Pay E, et al. Factors contributing to overuse of pesticides in western China[J]. Environmental Sciences, 2008, 5 (4): 235–249.

[168] Yang P, Iles M, Yan S, et al. Farmers' knowledge, perceptions and practices in transgenic Bt cotton in small producer systems in Northern China[J]. Crop Protection, 2005, 24 (3): 229–239.

[169] Young B G. Changes in herbicide use patterns and production practices resulting from glyphosate–resistant crops[J]. Weed Technology, 2006, 20 (2): 301–307.

[170] Zhang C, Hu R, Huang J, et al. Health effect of agricultural pesticide use in China: implications for the development of GM crops[J]. Scientific Reports, 2016, 6: 34918.

[171] Zhang C, Hu R, Shi G, et al. Overuse or underuse? An observation of pesticide use in China[J]. Science of the Total Environment, 2015, 538: 1–6.

[172] Zhang C, Shi G, Shen J, et al. Productivity effect and overuse of pesticide in crop production in China[J]. Journal of Integrative Agriculture, 2015, 14（9）: 1903–1910.

[173] Zhang C, Sun Y, Hu R, et al. A comparison of the effects of agricultural pesticide uses on peripheral nerve conduction in China[J]. Scientific Reports, 2018, 8: 9621.

[174] Zhang C, Zhao W. Panel estimation for income inequality and CO2 emissions: a regional analysis in China[J]. Applied Energy, 2014, 136: 382–392.

[175] Zhang W, Cao G, Li X, et al. Closing yield gaps in China by empowering smallholder farmers[J]. Nature, 2016, 537（7622）: 671–674.

[176] Zhao L, Wang C, Gu H, et al. Market incentive, government regulation and the behavior of pesticide application of vegetable farmers in China[J]. Food Control, 2018, 85: 308–317.